T0255762

Nunzia Bonifati

# Et voilà i robot
## Etica ed estetica nell'era delle macchine

Prefazione di Giuseppe O. Longo

 Springer

Nunzia Bonifati

Collana *i blu - pagine di scienza* ideata e curata da Marina Forlizzi

© Springer-Verlag Italia 2010

ISBN 978-88-470-1580-7            ISBN 978-88-470-1581-4 (eBook)

DOI 10.1007/978-88-470-1581-4

Coordinamento editoriale: Barbara Amorese
Progetto grafico e impaginazione: Valentina Greco, Milano
Progetto grafico originale della copertina: Simona Colombo, Milano

Springer-Verlag Italia S.r.l., via Decembrio 28, I-20137 Milano
Springer-Verlag fa parte di Springer Science+Business Media (www.springer.com)

A mia figlia Saraclaudia
e ai suoi sogni

# Sogno Danza Corpo Senso

*Oh, la macerazione degli anacoreti,*
*gli androidi e le andreidi di cui sempre,*
*irrimediabilmente, c'innamoriamo!*
Risorgive, parole

Nel racconto *Le rovine circolari* Borges descrive il travaglio onirico di un mago, il cui esito inconcepibile era la costruzione tenace e scrupolosa di una creatura forse umana, che il sognatore, l'uomo taciturno venuto dal Sud, chiamava "figlio":

> Il proposito che lo guidava non era impossibile, anche se soprannaturale. Voleva sognare un uomo: voleva sognarlo con minuziosa interezza e imporlo alla realtà.

Dopo i primi sogni confusi, dopo un'insonnia ostinata:

> quasi subito sognò un cuore che palpitava. Lo sognò attivo, caldo, segreto, della grandezza di un pugno serrato, color granata nella penombra di un corpo umano ancora senza volto né sesso.

È un caso che il primo organo dell'uomo artificiale sia un cuore? L'impegno sovrumano del mago si prolunga per mesi, sino a modellare un uomo intero, un giovane immerso in un profondo e muto letargo:

> Nelle cosmogonie gnostiche, i demiurghi impastano un rosso Adamo che non riesce ad alzarsi in piedi.

Anche le nostre creature artificiali, frutto dei nostri sogni più audaci, i robot e i ciborg cui attendiamo perseveranti, antesignani di una nuova schiatta di esseri, presentano gravi imperfezioni:

il loro aspetto umano non si coniuga con gli attributi dell'umanità. Ma questi nostri attributi li andiamo scoprendo, per contrasto e differenza, proprio studiando le carenze dei robot e dei ciborg. Il mago di Borges, resistendo alla tentazione di distruggere la propria opera, sogna una statua, viva, tremula e molteplice: è il dio Fuoco, che avrebbe animato il fantasma sognato:

> in modo che tutte le creature, eccetto il Fuoco stesso, e il sognatore, l'avrebbero creduto un uomo in carne ed ossa.

I nostri maghi, gli gnomi industriosi che s'ingegnano pazienti negli asettici laboratori sono gli unici a sapere che il loro Adamo *non* è un uomo? Oppure sappiamo tutti che queste creature parallele non sono umane, che affacciano la loro vita esitante a mondi elementari e paralleli che non hanno se non la parvenza del mondo florido e rigoglioso nel quale ci siamo coevoluti da tempo immemorabile? E accadrà anche a noi, nell'imminenza della fine, o nel delirio di un nuovo inizio, di comprendere "con sollievo, con umiliazione, con terrore" che anche noi siamo parvenze, che qualcuno ci sta sognando, ci ha costruito, ci ha bramato e vagheggiato, dedicandoci cure pazienti nel chiuso degli inconcepibili laboratori di un altro mondo?

Da sempre l'uomo nutre una smisurata e forse temeraria ambizione, quella di imitare l'atto divino della creazione. Più o meno dichiarata, quest'ambizione serpeggia in tutta la storia umana e, tra l'altro, ha ispirato la leggenda del Golem, in cui s'intrecciano la vertigine della creazione e il timore per la creatura, che talora minaccia di soverchiare e distruggere l'inesperto demiurgo. Il controllo del Golem passa attraverso la parola: per dargli vita gli si scrive in fronte *emet* (verità), ma basta cancellare la prima lettera perché *emet* divenga *met* (morte) e il Golem cessi di vivere. Anche nel caso del mostro di Frankenstein, creato dalla fantasia di Mary Shelley, la creatura trascende il progetto e si ribella, suscitando negli uomini angoscia e terrore. Talvolta gli esseri umani subiscono invece il fascino degli esseri artificiali: nei racconti di Hoffmann gli uomini s'innamorano perdutamente di bambole meccaniche, riprendendo un altro tema di origine biblica. Nel caso degli automi di Hoffmann la differenza tra il modello e la sua riproduzione si attenua fino a scomparire, inducendo in inganno anche l'osservatore più attento (come nel racconto *Minnie la candida* di Massimo Bontempelli). Invece il mostro di Frankenstein è caratterizzato da una diversità abissale, dovuta all'imperizia del costruttore, che suscita orrore perché viene interpretata come segno di malvagità.

Passando dalla letteratura al versante costruttivo, la storia di questi tentativi si presenta altrettanto ricca, anche se i risultati, per la pesantezza della materia e per le difficoltà di lavorazione, sono più modesti rispetto ai prodotti della fantasia, ma più ammirevoli per la loro concretezza. All'inizio, lo stupore suscitato dagli automi – costruzioni meccaniche, fontane con uccelli semoventi, orologi, organi di varie forme e dimensioni, insomma creature, spesso zoomorfe o antropomorfe, che, mosse da un meccanismo nascosto al loro interno, sembrano comportarsi come esseri viventi – si mescolava con la reverenza nei confronti del divino e con l'aspirazione a interpretare e governare il mondo per via magica. Accanto ai Golem, alle teste parlanti, ai prodigi e ai mostri delle leggende e della letteratura, gli automi sono dunque i protagonisti di una storia affascinante e tenebrosa di meccanica onirica, dove magia e occultismo s'intrecciano con la genialità inventiva, in un turbinio di personaggi eterogenei, inventori, maghi, affaristi, ciurmadori, studiosi, prestidigitatori e genti grosse. Ma sull'altro versante la storia di queste creature artificiali, di volta in volta seducenti, preziose, inquietanti e sospette, costituisce un distillato significativo dell'intera storia della tecnica e dell'afflato prometeico che l'ha sempre animata.

Questi raffinati e suggestivi prodotti dell'ingegno umano, che preludono in forme bizzarre e inusitate al trionfo della tecnologia moderna, oggi non si costruiscono più e sono rimpiazzati dovunque, se non nei musei e nei teatri della nostalgia, da manufatti in cui l'elettronica si rivela sempre più sollecita dell'efficienza e sempre meno dell'imitazione puntuale della natura. Eppure gli automi, specie gli androidi e le andreidi, continuano a popolare di inquiete proiezioni e torbidi sogni la dimensione immaginaria del nostro tempo e da qui travalicano nelle creazioni artistiche e nelle attuazioni tecniche. Anche se forme e strumenti sono mutati, esiste tuttora un campo di ricerca contrassegnato dalla dubitosa e mutevole linea di separazione tra ciò che l'uomo è e ciò che potrebbe diventare, tra ciò che può attuare e ciò che può solo sognare. In questo senso gli automi e compagnia incarnano e incarneranno sempre – anche nelle nuove vesti informatiche, robotiche e ciborganiche – l'aspirazione dell'uomo a travalicare i limiti della propria contingenza.

In questo territorio della creazione imitata ci si muove dunque tra diversità palese, suscitatrice di stupore o di orrore, e inquietante somiglianza, generatrice di equivoci e di non facili problemi etici, che ci richiamano alla *responsabilità del creatore*: di fronte alla complessità enorme della creatura, conseguenza della sua perfetta somiglianza al modello, ci si può infatti interrogare sui suoi probabili sentimenti e sulle sue reazioni. La psicologia e la sociologia degli automi, degli androidi e dei ciborg sono uno dei temi più interessanti della moderna fantascienza e forse uno dei problemi più complessi di un futuro già a portata di mano. Perché suscitare dal nulla creature tanto simili a noi da essere capaci di soffrire? La loro sofferenza, che nasce spesso dalla coscienza di non essere del tutto assimilabili agli uomini, sarebbe un triste corollario della nostra abilità creatrice.

Gli uomini sono *entità semantiche*, cioè interpretano gli eventi e i fenomeni del mondo, riconducendoli al significato positivo o negativo che hanno per il loro benessere psicofisico, per l'integrità del loro corpo, per il conseguimento dei loro fini. Queste valutazioni, e quindi il senso, discendono dunque in prima istanza dalla presenza del corpo, e si accumulano nella tenace memoria del corpo, il quale dunque non è solo la struttura materiale che contiene i nostri organi, compreso il cervello: è anche la nostra storia personale, il giacimento stratificato delle nostre esperienze. Noi conosciamo il mondo in prima istanza mediante il corpo. Gioia, dolore, tristezza, speranza, amore, odio sono nel corpo oltre che nella mente. Anzi, la distinzione tra mente e corpo è artificiosa. Finché l'uomo artificiale non avrà un corpo dotato di questa meravigliosa capacità di ricondurre a sé stesso il mondo che lo circonda, in altre parole, finché l'uomo artificiale non *sarà* un corpo, non si potrà parlare di senso. L'uomo artificiale, progettato in base a specifiche rigorose, non potrà fare altro che *imitare* le azioni degli uomini, riducendo la semantica umana a pura sintassi: e sarà un'imitazione perché non vi sarà la coscienza riflessa, quel gorgo vertiginoso nelle cui spire continuiamo a smarrirci.

In una calda serata di settembre assisto a uno spettacolo di danza nell'austero cortile porticato del castello di Gorizia.

Eleonora Zenero appare, o meglio si manifesta, avvolta in un mantello scuro, lungo ai piedi, con le maniche, che l'avvolge tutta, celandola agli sguardi tranne la testa e il volto. Sale lentissima i gradini del palco e lentissima si muove sulle tavole lisce, dando l'impressione di un ectoplasma, con spasimi e contorcimenti obliqui dei piedi e delle gambe, accompagnata, o seguita o preceduta, dalla vasta sonorità penetrante di una chitarra elettrica che getta sulla sua figura barbagli di note tenute.

La danza di Eleonora è diversa da tutto ciò che mi sarei potuto aspettare: un impeto obliquo e trattenuto, come di un acrobata del dolore, ma impedito da qualche divieto. Un che d'inceppato laddove il movimento è per solito elastico e leggero; la figurazione di un supplizio, di una crocifissione, via via che il corpo si rivela sgusciando dalle pieghe del mantello: corpo rattrappito, anchilosato, gettato, che ora lentamente si contorce sul lisciore del pavimento liscio, convergendo le linee di braccia, spalle, collo verso un punto lontano, verso un accumulo di lussazioni reversibili.

Finalmente capisco: Eleonora Zenero esegue con precisione assoluta un compito meccanico, al pari di un pianeta obbediente alle leggi del cosmo, collocandosi su una traiettoria inesorabile, è portatrice di un messaggio dinamico. Ma, a differenza del pianeta, impassibile, indifferenziato, inespresso, il messaggio della danzatrice non sta solo nell'orbita, anzi la sua parte più segreta ed essenziale sta proprio in lei, o meglio in quel corpo esibito, accarezzato dall'aria notturna, sfiorato dagli sguardi del pubblico, percorso e quasi lavato dalle ondate della musica. C'è in questo pensiero una rivalutazione del corpo, che dopo secoli di sudditanza alla mente si vede riabilitato.

Per secoli è stata affermata la superiorità dell'anima (della mente, dell'intelligenza immateriale) sul corpo, anzi ci hanno detto e ripetuto che la vera realtà è quella invisibile dello spirito, prigioniero suo malgrado nel carcere angusto del corpo. Forse è vero il contrario, forse è obbligatorio il capovolgimento del *cogito* cartesiano: *sum ergo cogito*. Perché anche il corpo pensa, ha una sua intelligenza, istantanea, sintonizzata sulle lunghezze d'onda delle cose, degli oggetti, degli animali, degli automi. E delle danzatrici.

Dopo un tempo, capisco un'altra cosa: i movimenti di Eleonora sono l'imitazione di un'imitazione. È come se Eleonora volesse replicare la perplessa goffaggine degli automi, l'aurorale spinta dinamica delle macchine emulatrici degli umani, quella "contraffazione dei gesti eseguita dalle macchine", come dice Leonardo Sinisgalli, che "è rimasta anche negli automi embrionale e priva di astuzia."

Intorno a Eleonora Zenero pulsa e si dilata uno spazio inviolabile, simile a quello che i fisici ritenevano occupato dall'etere onnipresente intorno agli astri. Al pari dei corpi celesti, che seguono orbite regolate dalla spinta e controspinta delle rigorose leggi di Newton e Keplero, il corpo della danzatrice oppone la sua resistenza alla gravità terrestre, traendone elasticità e momento, come Anteo, figlio di Posidone e della Terra. Questa parabola del corpo, che risponde alle perturbazioni con fulminea rapidità e con suprema esattezza, ci persuade della sua superiorità rispetto all'astrazione dell'intelligenza riflessa: è una festa di braccia e gambe e torso e collo, un'esaltazione della materia organizzata, complessificata, vivificata dal moto, lisciata dal contatto ininterrotto e mutevole con l'aria. Il corpo pesca nel mondo, ne percepisce ciecamente la natura, ne respira i ritmi, li incrocia e li accavalla, facendosi metronomo della realtà. E, immerso nel mondo, lo sa modificare e sa farsene modificare.

Il futuro della robotica più ambiziosa, quella che mira alla costruzione di macchine dotate di intelligenza, emozioni e forse coscienza, potrebbe dunque dipendere dalla comprensione del significato cognitivo delle azioni semplici, incarnate e contestualizzate che compiamo di continuo nella vita di tutti i giorni. Le descrizioni e gli strumenti usati finora in Intelligenza Artificiale sono "alti e deboli": occorre integrarli con descrizioni e strumenti "bassi e forti", che riflettano e riproducano il nostro sfuggente "esserci nel mondo".

Il fine degli automi, un fine imposto loro dall'esterno, da costruttori forse desiderosi di gloria, certo curiosi di sperimentazione, era la meraviglia dello spettatore, una meraviglia ansiosa, a volte tinta di foschi presagi e librata su cupi scenari, in cui le falangi delle creature avrebbero preso il dominio del mondo, come i robot immaginati e portati sulla scena da Karel Čapek. E il fine del corpo, del nostro corpo? Un fine che non gli è intrinseco, ma nasce dalla nostra presenza di fronte al corpo: curiosa presenza, e duplice, interna ed esterna. Un fine che si precisa via via che il corpo assume e varia la sua identità attraverso le tramutazioni evolutive. Quella che proviamo di fonte al corpo è un'ansia ben più profonda e inquietante dell'inquietudine che ci commuove facendo visita agli automi nei loro decrepiti repositori. L'ansia di fronte al corpo, tuttavia, sorge solo dopo che abbiamo ricevuto la visita degli automi, dopo che questi nostri sghembi figliastri si sono seduti al nostro tavolo e hanno tentato una conversazione con noi. È dal confronto con l'altro che sorge la consapevolezza dell'io: l'altro ci offre uno specchio deformante, dove balugina una nostra immagine embrionale e distorta, eppure suggestiva. Senza quell'immagine non riusciremmo a percepire la nostra realtà: dunque è l'altro che ci costringe a prendere atto di noi.

Il corpo ha due facce: da una parte è il nostro sé più intimo e insieme concreto, dall'altra è oggetto di osservazione, sperimentazione e studio. I due aspetti, soggettivo e oggettivo, sono inestricabili: questo guscio, o corazza, o carapace è anche polpa e ghериglio, tanto che, menomato o distrutto il corpo, sarebbe menomato o distrutto anche il sé.

Ormai non siamo gli unici corpi: accanto ai nostri e ai corpi degli animali esistono anche i corpi protetici dei robot umanoidi di cui si vanno popolando i laboratori dell'Estremo Oriente, dell'Europa e degli Stati Uniti. Su questi corpi protetici, discendenti degli automi androidi del passato, noi esercitiamo una proiezione di tipo cognitivo ma anche affettivo ed estetico, dotandoli di facoltà e sensibilità che sono prolungamenti delle nostre.

Torniamo a Eleonora Zenero. Che cosa ci affascina e turba, avvince ed esalta nella sua fantastica successione di lentezze, ripiegamenti e dispiegamenti, esibizioni e nascondimenti? Perché tanta attenzione e intenzione, perché tanta curiosità bramosa per la pelle, la forma, i guizzi, le ombre e le luci alternate per la continuità ondulante di omeri, ventre, braccia. Perché questa attrazione per la sensibile mobilità delle mani, il divaricarsi delle ginocchia, la ripresa dei piedi, il vibrato alterno di tendini e muscoli, il chiaroscuro marezzato acceso dalle torce fumose: tutta l'anatomia vivente pulsante che soggiogò per tutta la vita Leonardo da Vinci? Perché questo sguardo tornante senza posa al turgore delle mammelle, palpitanti prigioniere del corpetto? È un fascino che nessuna macchina, per quanto cromata lucente oliata e precisa potrebbe emanare. È per la consanguineità calda e antica che proviamo una meraviglia imbevuta di una vaga malinconia, o sono quei movimenti di inattesa lentezza? Che siamo tutti parte della stessa vasta Creatura vivente può essere un elemento di spiegazione, ma non può essere *tutta* la spiegazione.

Della spiegazione fa parte anche, almeno credo, un'altra (in)consapevolezza di complessità sconcertante, che si avvolge in sé stessa sprofondando *en abîme*: ogni elemento o particola o lambello del corpo entra in una trama di relazioni con tanti altri elementi e, in più, le funzioni del corpo e dei suoi apparati sono inseparabili dalla sollecitazione visiva, sensibile, estetica che procurano all'altro. E la contemplazione del corpo si prolunga, spesso inconsapevolmente, nella possibilità della fusione, della copula, della generazione che attua il comandamento primo della vita.

È evidente che il corpo (non il corpo oggetto, ma il corpo percepito dal titolare del corpo) esiste solo in quanto esiste l'altro: è un richiamo involutorio, che ci rende consapevole del nostro corpo in virtù dello sguardo creatore dell'altro. È dal rapporto esibizione–contemplazione che scaturisce la vera gloria del corpo. Ammiriamo il seno, le gambe, i glutei, le curve armonie di un corpo femminile, ma ciò che noi ammiriamo non possiede solo quel valore estetico intrecciato di erotismo, possiede, per la titolare del corpo, un valore funzionale imprescindibile: le gambe per muoversi, il ventre per contenere le viscere calde deputate alla digestione e gli organi ovulanti della riproduzione, e così via. Senza menzionare che quegli stessi organi sono sede di malesseri, fastidi, gonfiori, varici, ragadi, tumefazioni e via enumerando.

Potremmo, per riassumere, dire che il corpo è un *simbolo*: nel senso etimologico di gettare insieme, di co–stringere vari elementi, aspetti, attività e funzioni in una unità indissolubile come un organismo vivente. E il carattere vivente del simbolo si oppone all'analisi, allo scioglimento, si erge contro la separazione, impedisce la scomposizione in parti che mai potrebbero restituire il tutto. Il divieto dello smembramento consente al simbolo primario, il corpo, di vivere, dilatarsi e moltiplicarsi negli altri simboli che l'uomo ha creato o scoperto nel corso dei millenni.

Mi si rivela che il simbolo, o meglio la costellazione dei simboli derivati dal corpo, è, forse, la matrice del *senso*. Francisco Varela ha teorizzato il costruttivismo cognitivo, per cui soggetto e oggetto sono co–implicati nella costruzione della realtà percepita; allo stesso modo si può parlare di un costruttivismo estetico (e forse etico). La domanda è: si può parlare di costruttivismo del senso? Cioè, si può dire che il senso scaturisca da un'interazione tra il soggetto e il mondo che contiene quel soggetto, da un'interpretazione che il soggetto dà in definitiva di sé stesso, del suo corpo, del suo essere–nel–mondo? A volte si ha la strana percezione di uno sdoppiamento: ci si vede agire e muoversi da una distanza, come se tra noi e noi si fosse creato un diaframma, un'intercapedine: in quei momenti sembra di essere sull'orlo di una rivelazione che le parole non sanno esprimere e che deve trovare altre vie, sfuggenti, elusive: un varco attraverso il quale spiare la luce della verità.

Da queste considerazioni scaturisce una domanda ulteriore: dove va il senso (nella sua genesi e nel suo dispiegarsi) quando la sua sorgente, il corpo, è, come oggi, oggetto di un continuo e progressivo meticciamento che porta alle creature ciborganiche? Nel *ciborg* il simbolo è spezzato, infranto, smembrato e la separazione forzosa delle sue parti comporta l'attenuazione e la progressiva atrofia del senso. Allo stesso tempo, per l'altra via, quella dei robot, si cerca di (ri)costruire l'intreccio inseparabile (il simbolo) mediante l'inserimento di una mente artificiale dentro un corpo artificiale. Ecco forse lo scopo recondito, il fine profondo della costruzione degli androidi: la creazione di un simbolo capace di generare per altra via il senso che andiamo cercando assiduamente. Come se, indicandoci un'alternativa, il robot ci illuminasse sulla nostra natura di esseri cercatori di senso.

Chiediamoci allora: è proprio vero che il corpo degli umanoidi è un simbolo? Che esso ha un'albedine di senso? In ogni caso queste creature accennate ci hanno costretto e a lungo ci costringeranno a riflettere sul di noi e sul nostro corpo. Alludono al senso.

Tornano, inevitabili, gli organi di senso e il movimento: insomma il corpo. Senza corpo non c'è possibile fratellanza, non c'è riconoscimento, non c'è quindi speranza di comunicazione, di affetto, di senso. Tutto si deve adattare al corpo: dalla sedia al palazzo, dal cibo alla tortura.

Il futuro del senso è dunque legato al futuro del corpo, un futuro animato da trasformazioni inaudite, da meticciamenti mai visti e da simbiosi inedite.

E forse proprio rispetto al corpo si può misurare la distanza tra scienza e narrazione. La scienza per sua natura tende a separare, dividere, analizzare: quindi distrugge il simbolo, lo raggela, lo atrofizza. Perciò distrugge il senso: la scienza è triste e disincanta il mondo. Per fortuna spesso torna alle sue origini narrative e si reincanta.

La narrazione, in linea di principio, vorrebbe pur essa analizzare, disgiungere, scomporre, ma non ci riesce, anzi nella narrazione spesso il simbolo si rispecchia in altri simboli, nei simboli del second'ordine, creati dalla parola e dall'ascolto: si passa dai simboli del mondo ai simboli del racconto. Il fallimento della vocazione analitica della narrazione è la nostra salvezza.

Queste considerazioni a viatico augurale del libro bello e arioso di Nunzia Bonifati, alla quale auguro lunga fortuna.

Gorizia, settembre 2009                    Giuseppe O. Longo

# Indice

# Introduzione

*Quando la vecchiaia discese sul mondo e gli uomini persero la capacità di meravigliarsi; quando livide città sollevarono verso cieli di fumo alte torri cupe e sgraziate, alla cui ombra era impossibile sognare il sole o i campi fioriti di primavera; quando la scienza ebbe strappato alla Terra il suo manto di bellezza e i poeti non cantarono più, se non di fantasmi contorti osservati scrutando nel proprio intimo con occhi velati; quando tutte queste cose già furono accadute e le speranze più ingenue si furono dileguate per sempre, ci fu un uomo che valicò i confini della vita alla ricerca di qualcosa nei vasti spazi ove erano volati i sogni del mondo.*

H.P. Lovecraft, *Azathoth*

Nel 1922, in una lettera all'amico Frank Belknap Long, lo scrittore americano Howard Phillips Lovecraft anticipa l'introduzione di un suo racconto, *Azathoth*, nel quale sostiene che l'unico rifugio dalla realtà è rappresentato dall'immaginazione. Le parole, scelte con maestria per condurre il lettore nel *leitmotiv*, sono cupe e inquietanti e indicano che solo nel *sogno* si ravvisa una speranza. Con i suoi racconti Lovecraft prepara senza dubbio il terreno alle generazioni di scrittori di fantascienza che dopo di lui ben rappresenteranno le insidie dello sviluppo scientifico e tecnico tanto temute dallo scrittore dell'orrore. Isaac Asimov aveva da poco cominciato a scrivere i suoi primi racconti sui robot (che per lui erano macchine concepite in modo da non nuocere agli umani), quando un orrore tangibile calò sull'umanità come una terrificante doccia fredda: le bombe atomiche, frutto della più avanzata ricerca scientifica e tecnica, lanciate su Hiroshima e Nagasaki uccisero centinaia di migliaia di civili inermi e compromisero per sempre la salute degli sventurati sopravvissuti, delle generazioni future e dell'ambiente. Da allora, la bomba atomica è divenuta l'emblema dell'ambivalenza delle applicazioni tecniche e scientifiche, dove il bene e il male sono fusi inestricabilmente come gemelli siamesi.

Perché cominciare a parlare dei robot citando un passo di un racconto di Lovecraft? Per l'ambivalenza che caratterizza sia il sogno sia l'attuazione del sogno: credo, infatti, che le sue riflessioni possano aiutarci a capire che uno sviluppo tecnologico e scientifico troppo rapido, non accompagnato e sorretto da una riflessione morale, induce a credere nel miraggio di una realtà asettica e oggettiva. Una realtà quindi non autentica, che per di più fa paura perché è troppo distante dall'uomo, poco aderente alla sua fallibilità, alla sua soggettività costantemente tesa verso ciò che è bello e giusto per ciascun individuo. Oggi nei laboratori di robotica più all'avanguardia si sperimentano robot capaci di apprendere dall'esperienza con il metodo empirico dell'induzione e talmente simili agli esseri umani da essere anch'essi fallibili e soggettivi. Ora, il tentativo di riprodurre la fallibilità umana in una macchina è molto interessante sotto il profilo scientifico ed epistemologico e per di più conduce immediatamente alla riflessione morale. Grazie al mito e alla fantasia letteraria sappiamo bene, infatti, che non c'è nulla di neutro e di *oggettivo* nello sforzo di riprodurre l'umano, fino alle pieghe riposte della sua fallibilità. Questa prospettiva ci spinge a porci domande del tipo: l'umanizzazione delle macchine condurrà all'umanizzazione della scienza e della tecnologia e al ricongiungimento, tanto auspicato, di questi territori con la filosofia? Oppure, all'opposto, porterà alla meccanizzazione dell'essere umano? Se un giorno i robot imparassero a sognare (sia pur in un loro modo robotico), quale sarebbe la differenza tra i nostri sogni e i loro o, più radicalmente, tra noi e loro? È difficile rispondere a domande del genere, anche perché il futuro in buona parte è tracciato, giorno per giorno, dai ricercatori e dai loro finanziatori, in un piccolo cabotaggio in cui idee e sogni sono spesso visti nella breve prospettiva delle realizzazioni immediate.

A proposito di sogni, si dice che i robot nascano per l'appunto dall'immaginazione. Ma c'è immaginazione e immaginazione. Nella *Critica della ragion pura*, Immanuel Kant definisce l'immaginazione come la capacità di rappresentare un oggetto, anche in sua assenza, nell'intuizione. L'immaginazione è dunque la facoltà di determinare a priori la sensibilità. Per questa ragione è *produttiva* e *creativa*, nel senso che riesce a figurare un oggetto senza averlo mai conosciuto.

Ho l'impressione che i robot di oggi nascano più dall'immaginazione intesa in senso kantiano che dal mito del Golem, cioè dal sogno antico di creare un essere umano artificiale che sia più forte e più potente dell'uomo, e allo stesso tempo suo succube. Non a caso i robot sono entrati nel mondo della realtà soltanto intorno al 1960, quando la necessità di costruire macchine che sostituissero gli esseri umani nelle loro funzioni cominciò a bussare forte alle porte dell'*immaginazione produttiva* di imprenditori e ingegneri. In quegli anni i robot dovevano infatti sostituire gli operai troppo esposti al rischio d'incidenti alla catena di montaggio. Era quindi necessario, impellente e doveroso progettare macchine di questo genere. In primo luogo, perché nell'Occidente capitalista la classe operaia aveva cominciato a contare più di prima e aveva i suoi rappresentanti. Inoltre si prospettava già uno sviluppo industriale che non poteva di certo essere sostenuto soltanto dal lavoro umano. Le società industriali avanzate non si potevano permettere di far morire o rendere invalidi gli operai per saldare le parti di un'automobile! Bisognava agire, si doveva mettere in pratica l'antico sogno. E poiché i tempi erano maturi, dall'estro degli ingegneri nacquero i primi robot industriali.

In effetti sono macchine straordinarie, i robot: forti, versatili e potenti. Ci piace immaginarli dotati di corpi umani e di sentimenti, ma nella realtà si presentano sotto le forme e le dimensioni più diverse, e svolgono le funzioni più varie. Per certi versi ci somigliano. Sanno agire al posto nostro, talvolta meglio di noi. Non si stancano mai, non soffrono, non si annoiano, non temono nulla. Se impiegati a fin di bene, ci liberano dalla fatica e dai rischi dei lavori pericolosi e ripetitivi e fanno al posto nostro cose a noi impossibili, come scendere negli abissi del mare o insinuarsi nel nostro corpo.

Queste creature artificiali meritano, dunque, che si parli di loro con serietà e atteggiamento critico, tenendo conto del loro potenziale enorme. Tanto più che alcuni esperti prevedono che entro vent'anni i robot saranno nelle case di tutti, al posto di badanti, domestici ed elettrodomestici, computer, telefonini, strumenti musicali, apparecchiature sportive e ludiche, e altro ancora. Per convivere con loro, dobbiamo quindi imparare a conoscerli da vicino.

Da queste considerazioni nasce l'idea di un libro sui robot.

Sì, ma da dove cominciare, e in che termini parlarne? Il campo della robotica è sterminato e questa disciplina diventa sempre più trasversale e difficile da afferrare perché s'interseca e s'ingloba sempre di più nelle altre scienze. È perfino difficile dire che cosa sia un robot. Tant'è che oggi ce n'è di *invisibili*: privi di una vera e propria forma, questi robot particolari si compongono di un insieme di elementi differenti, collegati in *wireless* e controllati da un sistema centrale che li gestisce tutti. E così un ambulatorio, uno stormo di aerei senza pilota a bordo e finanche una rete ferroviaria possono costituire un robot, o, più esattamente, un sistema robotico.

A complicare le cose c'è la differenza di prospettiva tra i robot che si sviluppano nei laboratori (oggetto della ricerca di base) e i robot destinati all'uso commerciale (che costituiscono le applicazioni). Da una parte la ricerca, condizionata com'è dalle idee estrose e talvolta stravaganti d'ingegneri e scienziati, segue percorsi bizzarri di cui è difficile capire il senso e la direzione. Dall'altra le applicazioni devono avere i piedi ben piantati in terra e, poiché aprono problemi immediati di accettabilità, devono rispondere, oltre che alle esigenze del mercato, ai protocolli di sicurezza, alle richieste di moralità e di legalità, di giustizia e compatibilità sociale e via dicendo.

A proposito di queste ultime considerazioni, ad accrescere la complessità del quadro vi è anche la circostanza che la robotica presenta fin dall'inizio un legame inestricabile con la fantasia di scrittori e registi cinematografici. La maggior parte dei robotici non solo riconosce questa origine, ma rispetta anche le tre celebri leggi della robotica introdotte da Isaac Asimov in un suo racconto di fantascienza. Sogno, fantasia e necessità di liberarsi dal bisogno e dalla fatica, si legano dunque insieme in un plesso multiforme e articolato riconosciuto e accettato dai robotici stessi.

L'incertezza dei pronostici rende ancora più ingarbugliata la faccenda. È vero, infatti, che dovremmo prepararci a un futuro di convivenza con i robot, tuttavia nessuno sa dire di preciso se e quando ci faremo servire da un robot-maggiordomo o andremo a lezione dal robot-professore. Né è possibile prevedere se e come l'interazione tra esseri umani e robot modificherà la vita sociale e le nostre capacità sensoriali e cognitive. Come, del resto, non c'è certezza sul tipo di evoluzione cui andranno incontro i robot.

Per il momento possiamo soltanto dire che i paesi ricchi progettano e costruiscono robot autonomi per impieghi che vanno oltre quello industriale classico; che queste macchine hanno prevalentemente un corpo antropomorfo o zoomorfo in Oriente, ma non in Occidente, dove si preferiscono forme più anonime e neutre. Sappiamo che l'uso dei robot nel soccorso, in campo biomedico, nelle azioni belliche e nella ricognizione di zone inaccessibili è assai promettente; ma sappiamo anche che la loro diffusione è ostacolata da costi altissimi, che dipendono dalla lunghezza dei tempi della ricerca, dalla complessità della tecnologia impiegata e dal numero enorme di dati che queste macchine devono poter immagazzinare per funzionare bene. Conosciamo anche l'intrinseca pericolosità dei robot quando abbiano dimensioni, forme e capacità di movimento tali da poter colpire accidentalmente una persona: il loro impiego in ambienti frequentati dal pubblico è quindi rischioso se non si rispettano alcune regole di comportamento non facili da seguire, soprattutto da parte dei bambini e degli animali domestici. È pure piuttosto evidente che molti prototipi dalle caratteristiche straordinarie oggi sono usati quasi esclusivamente per la ricerca scientifica e tecnologica e che i risultati tanto attesi arriveranno chissà quando, se mai arriveranno.

Insomma, del futuro che ci aspetta si può dire ben poco. La robotica è ai suoi albori e gli scenari possibili sono tanti. La strada di domani è dunque aperta alle diverse possibilità offerte dai sentieri che la ricerca sta appena cominciando a tracciare. Può darsi che i robot entrino per gradi, sotto forma di protesi e dispositivi di vario tipo, nel corpo umano, per ripristinarne le funzioni o per potenziarlo e migliorarlo. È probabile, e in parte già sta accadendo, che la tecnologia robotica porti alla sostituzione progressiva della manodopera umana, e che in avvenire figure come il minatore, il conducente d'autobus, il capotreno, il vigile urbano, il soldato, lo spazzino siano un ricordo del passato. È anche possibile che tra pochi anni ci troveremo a vivere in ambienti del tutto robotizzati: certi luoghi pubblici, la casa, l'ambiente di lavoro, la scuola, i luoghi di vacanza…

Non mancano i presagi negativi e neppure l'orrore che Lovecraft ci ha insegnato a scrutare. In futuro, per fare un esempio tra i tanti, la tecnologia robotica potrebbe concentrarsi nelle mani di poche nazioni, che la utilizzerebbero per vincere le guerre, sorvegliare gli stati nemici, le minoranze etniche o d'altro tipo, la popolazione, i territori inaccessibili come lo spazio e gli abissi. Ciò favorirebbe la corsa alla supremazia tecnologica e aprirebbe anche la strada a una nuova forma di controllo permanente e ossessivo delle autorità sugli individui.

Che ginepraio! Come dipanare questa matassa senza perdersi nel luccichio fin troppo affascinante della fantasia e dei presagi più cupi, e senza fermarsi alla razionalità asettica e paralizzante di chi vede nel robot *soltanto* una macchina? Del resto, la progettazione e le conseguenze generali della robotica diffusa presentano ancora in gran parte caratteristiche di scenario, e perciò non è facile distinguere le ipotesi, sia pur realistiche, dai fatti concreti. Come entrare nel cuore dei robot?

Tra le tante possibilità ho scelto di raccontare la storia d'amore tra esseri umani e robot seguendo un cammino percorso in prima persona. Vale a dire, attraverso le visioni, i sogni, le spiegazioni, le analisi, le speranze e le inquietudini di chi i robot li immagina, li progetta, li costruisce e li studia. Questo libro ha dunque una forma plurale. È stato scritto intenzionalmente a più voci, non per offrire risposte certe, che non ci sono, ma per suggerire un interesse, per ragionare insieme sull'etica e sull'estetica nell'era dei robot, per ricercare il *senso* ancora vivo dell'antica propensione umana a replicare le funzioni umane in una macchina artificiale.

Con il metodo dell'intervista ho intrecciato le idee dei robotici di fama internazionale Bruno Siciliano e Gianmarco Veruggio, dell'ingegnere scrittore Giuseppe O. Longo, del bioingegnere Marcello Ferro, degli umanisti Peter Asaro, Daniela Cerqui, Roberto Cordeschi, Edoardo Datteri, Fiorella Operto e Guglielmo Tamburrini, del regista Manuel Stefanolo, e di tanti altri che hanno contribuito, direttamente o indirettamente, alla stesura di questo libro. *Et voilà i robot. Etica ed estetica nell'era delle macchine*, nasce grazie alle loro testimonianze, alla loro disponibilità nel raccontare, contestualizzare, suggerire, precisare, mettere in guardia. Il punto di vista di ogni esperto, ingegnere o umanista, può sembrare illuminante oppure troppo parziale, si può essere d'accordo oppure no. Ma nel complesso, credo che il quadro d'insieme, nel movimento che ne scaturisce, sia un bel modo per parlare di quest'universo intricato, ambivalente, complesso e non privo di rischi che è il mondo dei robot.

# Immaginifici scenari del futuro

*The dream to create machine that are skilled and intelligent has been part of humanity from the beginning of time. This dream is now becoming part of our world's striking reality.*

Oussama Khatib e Bruno Siciliano,
*Springer Handbook of Robotics*

Sono utilizzati nell'industria, in medicina, nei servizi alle persone e per la ricognizione di zone pericolose o inaccessibili, come il pianeta Marte. Si presentano con corpi di vario aspetto e di varia natura. Alcuni sono antropomorfi, come *Cb2*[1] e *iCub*[2], gli umanoidi bambini progettati per studiare i processi di sviluppo infantile, ma di solito hanno l'aspetto di macchine comuni: elettrodomestici, accessori, bracci meccanici, mattonelle e veicoli di ogni natura, come aerei, automobili e barche a vela. Sono i robot! Il loro uso è promettente nei campi più disparati, il loro potenziale è enorme. Molti sono già tra di noi e la popolazione è destinata a crescere.

Secondo le previsioni della Federazione internazionale di robotica (IFR), che ogni anno pubblica un'indagine[3] molto accurata sul mercato di settore, nel mondo ci saranno sempre più robot. Il balzo, secondo l'IFR, interesserà entro poco tempo il settore della difesa, della sicurezza e del soccorso, ma progressivamente conquisterà anche la gente comune, con robot al posto di elettrodomestici, giocattoli e strumenti di elettronica di consumo. Lo sviluppo previsto per ora interesserà prevalentemente i paesi "robotizzati". Quelli cioè che hanno il più alto numero di robot ogni diecimila persone impiegate nel settore manifatturiero. Senza entrare nel dettaglio dei calcoli, a oggi la nazione più "robotizzata" è il Giappone (310 robot per 10mila lavoratori), seguito da Germania (234), Repubblica della Corea (185), Italia e Stati Uniti (116) e Svezia (115).

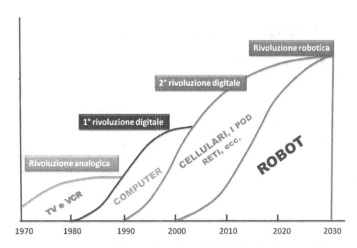

*La presenza sul mercato dei mezzi tecnologici dal 1970 ad oggi con previsione di sviluppo dei robot.*

Altre previsioni più a lungo termine, come quelle della *Japan Robot Association*, stimano che entro vent'anni avremo robot al posto di fisioterapisti, piloti, chirurghi, maggiordomi, insegnanti, musicisti, badanti, soccorritori e quant'altro. Per non parlare delle voci di speranza che giungono dai laboratori di bioingegneria: i robot diventeranno talmente piccoli da riuscire a entrare nelle nostre cellule per ripararle; mentre gli impianti bionici e robotici faranno recuperare le funzioni motorie ai mutilati, ridaranno la vista ai ciechi[4], l'udito ai sordi e le capacità cognitive agli ammalati di Alzheimer.

E che dire delle prospettive immediate o imminenti? Se la legge e i codici della strada lo permettessero, i robot potrebbero oggi stesso sostituire navi, aerei e soprattutto taxi e bus. I veicoli senza pilota a bordo hanno infatti già dato prova della loro bravura nel 2005, quando la DARPA, l'agenzia della difesa statunitense che si occupa di progetti avanzati, li ha fatti gareggiare[5] tra di loro con successo in un deserto, in un circuito stradale vero e per giunta accidentato.

Dell'imminente arrivo dei robot in società si parla anche nella più importante e ampia pubblicazione che illustri lo stato della ricerca, *Springer Handbook of Robotics* (2008). Nella *summa* della robotica a un certo punto si legge:

Molti robotici così come studiosi autorevoli di storia della scienza e della tecnologia, hanno già etichettato il 21esimo secolo come l'*era dei robot*. Effettivamente, nel corso del nostro secolo le macchine autonome intelligenti sostituiranno gradualmente molte macchine automatiche.

Allora dobbiamo crederci.

Ma sarà tutto vero quanto previsto? E con che tipo di macchine andremo eventualmente a convivere?

I pronostici ci portano con l'immaginazione in territori del futuro come quelli commoventi dipinti nel film *L'uomo bicentenario*[6], dove il robot tuttofare Andrew da umanoide si trasforma via via in uomo, fino a essere riconosciuto come tale nel suo ultimo giorno di vita, a duecento anni. Ma ci conducono anche nei tristi destini di androidi in carne e ossa, tali e quali a noi, forti e intelligenti ma schiavi, come nel film di culto *Blade Runner*[7].

Ma se oltre a immaginare vogliamo anche capire in quale direzione, in fatto di robot, ci sta portando lo sviluppo tecnologico e scientifico, dobbiamo recarci nei centri di ricerca e nei laboratori delle università, in altre parole in quei luoghi che rievocano il teatro delle pulsioni creative del dottor Victor von Frankenstein[8]. Una volta entrati tutto si ridimensiona. Perché a vedere quella ferraglia inanimata ci si chiede se ai festival della scienza e ai convegni internazionali di robotica vengano per caso esposti falsi d'autore o specchietti per le allodole. Siccome robot strabilianti da rivista patinata nei laboratori non se ne vedono, domandiamo agli ingegneri dove sono. Ci rispondono che i prototipi tanto appariscenti degli expo internazionali sono giapponesi, come il celebre *Asimo*[9], e che in Europa salvo qualche eccezione si evita la forma antropomorfa, anche se, ci assicurano, i robot sono fatti a nostra immagine e somiglianza, pur non avendo la forma umana.

Prendiamo atto e chiediamo se è vero che un giorno ci toccherà vivere accanto a queste macchine. Senza azzardare ipotesi fantasiose ci rispondono che forse è probabile, ma non sanno. Insistendo un po' con le domande gli ingegneri ci parlano anche di un possibile futuro di sistemi bionici e robotici, che va oltre l'immaginazione, ma che probabilmente non è dietro l'angolo, come potremmo credere. E sì. Perché tutto questo lavorare sui robot del futuro, dicono gli esperti, è fatto di tanti ingredienti, laboriose operazioni, molto tempo e infinite difficoltà da superare.

A questo punto ci rendiamo conto che la robotica è una scienza multidisciplinare, che racchiude in sé, al contempo, gli ostacoli e la lentezza dei tempi della ricerca tecnologica, scientifica e umanistica. Parlando con gli ingegneri veniamo a sapere di giochi di prestigio per ottenere i finanziamenti necessari per avviare i progetti. Delle difficoltà tecniche da superare per costruire i prototipi dei robot. Delle implicazioni etiche e legali da prendere in seria considerazione già nel corso della progettazione e poi del collaudo. Della necessità di misurare il grado di accettabilità di queste macchine, da parte sia della comunità scientifica, sia del vasto pubblico. Del processo d'industrializzazione, che fa di un prototipo un oggetto in vendita, e infine della commercializzazione, con gli annessi lanci pubblicitari (ammesso che il mercato gradisca il prodotto finale).

Dopo tanta concretezza, i robot stupefacenti delle stanze delle meraviglie perdono di colpo il loro fascino di sempre, e li guardiamo sotto la luce nuova e vivida della realtà dei fatti. Addio sogni… addio amato robot…

Suvvia! Chi come noi ama fantasticare può continuare a farlo, sapendo però che l'attesa è lunga e il domani sarà alquanto imprevedibile. D'altronde, fino a qualche decennio fa chi poteva immaginare che in una scatolina maneggevole e a buon mercato si potessero racchiudere, tutte insieme, le funzioni di telefono, televisore, registratore, telecamera, macchina fotografica, mappa stradale e computer, tanto per citare le più comuni funzioni del cellulare? Questo strumento di uso quotidiano, che oggi rappresenta la tecnologia elettronica più avanzata nel settore, è arrivato nelle nostre mani senza clamore, quasi in punta di piedi. Neppure nel film *E.T. l'extra-terrestre* di Steven Spielberg (Usa, 1982) si erano date funzioni così futuribili al telefono, eppure rappresentava l'unico strumento con cui il piccolo alieno sperduto sulla Terra poteva comunicare con la sua casa nello spazio.

Sembra incredibile, ma capire in che direzione di sviluppo tecnologico e scientifico stiamo andando è difficile anche per ingegneri, scienziati e umanisti che si occupano di robot. Primo, perché anche loro hanno una grande capacità immaginativa e spesso esagerano nei pronostici anche a favore del proprio settore di ricerca. Basti pensare alle stravaganti idee dell'esperto inglese di Intelligenza Artificiale David Levy sulla possibilità di sposare un lui o una lei robot, ipotizzata senza troppo rigore scientifico nel suo libro *Sex Love + Sex with Robots, The Evolution of Human-Robot Relationships*. Secondo, perché le previsioni realistiche, quelle basate sui fatti, hanno molti limiti, non potendo tenere conto più di tanto dell'incertezza che sempre si accompagna con il domani.

Ma non c'è niente da fare. Quando si parla di robot, ai pronostici sia pur realistici si aggiungono sempre le visioni affascinanti, inverosimili e inquietanti dell'immaginario collettivo. E la fantasia si scatena davanti a un qualsiasi prototipo umanoide anche stupido ma capace di muoversi come un essere umano. E non c'è bisogno di andare nella fantascienza, tempio per eccellenza delle idee visionarie, per restare di stucco. Basta leggere qualche articolo di giornale o guardare un servizio alla televisione per farsi un'idea di come sono presentate all'opinione pubblica queste macchine meravigliose, progettate per sostituire o potenziare le funzioni umane. E così emerge che *Cub*, il robot bambino, ha un cervello nato per imparare e un giorno forse potrà recarsi alla scuola elementare. Che i robot-musicisti, esibiti un po' ovunque e

*Il robot-bambino iCub, realizzato nell'ambito del progetto europeo RobotCub (www.RobotCub.org). Foto di Roberto Natale*

A160 Hummingbird, velivolo militare senza pilota a bordo. Per gentile concessione della DARPA, Defense Advanced Research Projects Agency, Usa. © 2008 Boeing

con successo, capiscono la musica, hanno un'anima e un giorno sostituiranno i compositori e gli orchestrali. O che sul campo di battaglia presto ci saranno i robot al posto dei soldati.

Non si raccontano bugie. Ma a detta degli esperti si enfatizza troppo, si ricorre di continuo alle metafore e si calca la mano più sul fenomeno in sé, un po' da baraccone, che sulla ricerca scientifica e tecnologica e sulle sue ricadute effettive. Sembra che in pochi resistano alla tentazione di colorare la realtà, di porre l'accento sugli aspetti appariscenti.

A guardar bene i robot degni di una camera delle meraviglie sono soltanto la punta dell'iceberg delle scienze robotiche. Spesso rappresentano prove tecniche di alta tecnologia per applicazioni future di grande utilità. È il caso, per esempio, della squadra di robot calciatori che il professore di Intelligenza Artificiale Daniele Nardi[10] vorrebbe un giorno far gareggiare con i campioni veri, quelli in carne e ossa. L'obiettivo del progetto è nobile, anche se velato dall'immagine calcistica: creare la tecnologia adatta per realizzare squadre di robot, che poi possano uscire dai campi di calcio per intervenire, per esempio, in scenari d'emergenza pericolosi per l'uomo o che sappiano reagire a comportamenti umani inattesi, frequenti anche nella vita di tutti i giorni. Talvolta, invece, dietro alcuni robot sorprendenti c'è l'intenzione da parte dei produttori di dimostrare al mondo la propria bravura, gli alti livelli di tecnologia raggiunti. È il caso di QRio[11] il sorprendente robot-bambino-curioso che la Sony ha messo a punto partendo dal celebre cagnolino Aibo. QRio, dopo un grande lancio pubblicitario che ha ottenuto un immediato riscontro mediatico, nel 2006 è incredibilmente uscito di scena, a dispetto dell'importante investimento economico che la sua progettazione, di altissimo livello tecnologico, aveva comportato.

In realtà senza andare a cercare il futuro nella sfera magica di esperti e meno esperti, i sistemi robotici e bionici pervadono già molti settori della ricerca e stanno entrando in modo trasversale ovunque ci sia tecnologia, nello spazio come nei cieli, nel profondo dei mari come nel cuore delle città e nei nostri stessi corpi.

A dire il vero, non sono i prototipi straordinari presentati agli expo internazionali a dare l'occasione agli esperti di fare pronostici sulla diffusione dei robot nel futuro prossimo, ma quelli che passano così inosservati tanto da non essere neppure riconosciuti come robot. Anche se poco affascinanti sono robot gli aerei UAV[12], che perlustrano i cieli dei territori inaccessibili o pericolosi. Sono robot quei semafori intelligenti che regolano l'ingresso delle auto provenienti dalle grosse arterie stradali nelle città statunitensi soffocate dal traffico. Ed è un robot quel trenino (si chiama Robogat[13]), che dall'alto della volta di qualche tunnel stradale corre lungo un binarietto per tutta la lunghezza della galleria, pronto a spegnere eventuali incendi spruzzando acqua, come un pompiere. Nessuno nota questi anonimi macchinari. Eppure a detta degli esperti ci somigliano, e sanno agire autonomamente al posto nostro, talvolta meglio di noi!

D'altronde, se i robot devono sostituire o estendere le funzioni umane è ovvio che siano progettati a nostra immagine e somiglianza. Non è necessario che siano antropomorfi, l'importante è che si comportino come noi. Per esempio, che imparino dall'esperienza. Non a caso la ricerca robotica sta andando in questa direzione: costruire robot con corpi versatili, facilmente usabili, che apprendano e agiscano come noi.

Davanti alla prospettiva concreta di robot divenuti "invisibili", cloni degli esseri umani, le stanze delle meraviglie stracolme di umanoidi superdotati che dirigono l'orchestra, danzano o intrattengono una conversazione, come quelli presentati all'*Expo* di Aichi nel lontano 2005, sembrano fuori tempo. E ci sarebbe da saltare dalla sedia chiedendosi se davvero nei laboratori di ricerca si progetti un nuovo e più insidioso mostro di Frankenstein. Se non fosse che alla tecnologia "invisibile" (quella che c'è, ma non si nota) ci siamo tutto sommato già abituati, con il PC, il telefonino, il navigatore satellitare. Suvvia, i tecnofobici dormano pure sogni tranquilli, perché, fatte le dovute eccezioni nel settore bellico, questi robot *invisibili* in fondo almeno per ora ci aiutano semplicemente, senza neppure infastidirci con una presenza ingombrante.

Ma sorge un dubbio. Se il domani ci prospetta sistemi robotici o bionici inavvertibili, che fine faranno i robot dei nostri desideri? Che ne faremo di un futuro che potrebbe nascondere l'immagine dell'umanoide tutto fare, del ciborg inquietante e dell'androide bello come il sole, finanche in un pacchetto di caramelle? La robotica ci ruba i sogni? Forse sì. Però ci offre la splendida opportunità di fantasticare ancor di più sulle diverse relazioni che potremmo intrattenere con i robot quando occuperanno il nostro stesso ambiente. Perché, giacché già ci sono, antropomorfi o no, dobbiamo in tempi brevi imparare a convivere con loro. Che non si faccia però l'errore di sottovalutarli, perché non stiamo parlando di macchine qualsiasi, ma di sistemi capaci di prendere decisioni autonome, che possono già svolgere molte attività, come aiutare un bambino ad allenarsi a calcio[14], danzare con molta grazia come sa fare l'umanoide *HRP*[15], o pulire la casa come fa l'aspirapolvere *Roomba*[16].

Delegare a una macchina intelligente e autonoma una nostra attività non è una cosa da niente. Per esempio, in caso di errore da parte del robot sarebbe difficile stabilire chi ne sia il responsabile. Rispetto alla complessità sociale che si prospetta in quella che gli esperti chiamano l'*era dei robot*, quello dell'attribuzione di colpa è soltanto uno dei tanti problemi da risolvere. Per convivere con i robot senza andare incontro a esiti tanto imprevedibili quanto spiacevoli, se non disastrosi, dovremmo infatti riorganizzazione la società sotto il profilo giuridico, culturale, etico, politico e via dicendo. Un bell'impegno. Tanto più che per cimentarci in un'impresa del genere dovremmo prima rispondere a tante domande non facili. Domande del tipo: Con che genere di robot andremo a convivere? Come renderli accettabili, sicuri e affidabili? Fino a che punto potranno essere liberi di prendere decisioni autonome? Chi sarà responsabile dei loro eventuali errori? Avranno doveri e diritti? Che cosa dovranno apprendere, e cosa no? E se cominciassero a sviluppare una qualche forma di sentimento robotico, o a disobbedire, sarà giusto distruggerli? Questi scenari pongono anche una questione inquietante che riguarda l'identità umana: fino a che livello d'ibridazione con la macchina l'uomo potrà essere considerato ancora un essere umano?

Senza perdere d'occhio né la realtà dei fatti, né le visioni futuristiche inevitabilmente legate all'immagine di queste macchine al contempo affascinanti e inquietanti, le pagine successive di questo libro suggeriscono qualche risposta alle tante domande aperte dall'*era dei robot*.

*David, il Rover per l'esplorazione lunare del Centro interdipartimentale "E. Piaggio" dell'Università di Pisa, in esposizione a Futuro Remoto 2009 (Napoli). Foto di Saraclaudia Barone*

## Che cos'è un robot?

Un robot è un insieme complesso rappresentato da più sottosistemi. Il *sistema meccanico* è dotato di organi di locomozione per muoversi (ruote, cingoli, gambe meccaniche), e di organi di manipolazione per intervenire sugli oggetti circostanti (braccia meccaniche, mani artificiali, utensili). Le parti meccaniche del robot agiscono grazie a un *sistema di attuazione* e percepiscono per mezzo di un *sistema sensoriale* costituito da sensori di vario tipo (per esempio, le telecamere). Azione e percezione del robot sono connesse in modo intelligente tramite un *sistema di controllo*. Molti aspetti del comportamento di un robot (come quelli legati al movimento nello spazio o al mantenimento dell'equilibrio) sono ottenuti tramite meccanismi di auto-regolazione del tutto simili a quelli che regolano le funzioni del corpo umano (come la febbre, che è una risposta a uno stato infettivo). Comunque, dare una definizione di robot è riduttivo perché si tratta di macchine in continua evoluzione. Per esempio, fino a qualche anno fa chi avrebbe chiamato robot uno stormo di aerei UAV?

*Justin, l'umanoide dell'Istituto di robotica e meccatronica della DLR, l'Agenzia spaziale tedesca. Per gentile concessione della DLR*

## NOTE

[1] Cb2 è un robot umanoide progettato nel 2007 all'Università di Osaka, è alto 130 centimetri, pesa 33 chili e la sua età corrisponde alla "nascita" a quella di un bambino di 18 mesi. Grazie a un sistema visivo, uditivo e tattile, sa acquisire nel tempo i dati dalle esperienze "vissute" nell'ambiente circostante, come un bambino. Cb2 è stato progettato per "crescere" fino all'età di 3 anni.

[2] iCub (www.RobotCub.org ) è un robot dall'aspetto di un bambino di tre anni ed è stato presentato in pubblico nel 2008. Nasce da un progetto europeo molto articolato e ricco di attori guidato da Giulio Sandini, professore al Dipartimento di Informatica, Sistemistica e Telematica dell'Università di Genova e direttore di ricerca all'Istituto italiano di tecnologia (Genova). Analogamente al progetto giapponese Cb2 anche iCub è stato realizzato per studiare l'apprendimento infantile umano fino al terzo anno di età. A tutt'oggi pare che non abbia dato risultati importanti, ma i tempi della ricerca, si sa, sono sempre lunghi. A ogni modo la sua piattaforma è *open source*, quindi qualunque laboratorio di ricerca può costruirselo e sperimentarlo.

[3] I dati del *World Robotics (Statistics, Market Analysis, Forecasts, Case Studies and Profitability of Robot Investment Statistics) 2008*, pubblicato dalla Federazione internazionale di robotica, prevedono entro il 2011 la presenza sul mercato di 17 milioni di robot di servizio e 1,2 milioni di robot industriali. Con un fatturato dal 2008 al 2011 di oltre 9 miliardi di dollari solo per la vendita di robot a uso professionale. L'aumento previsto è molto importante considerando che nel 2007 di robot ce n'erano 6 milioni e mezzo. Per via della crisi economica globale cominciata nel 2008 i dati del rapporto 2009 registrano una flessione rispetto ai pronostici precedenti, che forse erano un po' troppo ottimistici. Tuttavia la spinta verso la diffusione trasversale dei robot di servizio nei settori più disparati non si arresta, perché il mercato, in effetti, è potenzialmente enorme. Nonostante la crisi i dati del *World Robotics 2009* parlano infatti di 63 mila robot di servizio venduti solo nel 2008. Del totale, il 30 per cento (20 mila) ha riguardato il settore della difesa, del soccorso e delle applicazioni di sicurezza; il 23 per cento il settore dei *field robots* (robot per l'esplorazione e quelli usati in ambienti aperti); il 9 per cento la pulizia; l'8 per cento il settore medico; un altro 8 per cento le attività subacquee (robotica sottomarina); il 7 per cento le costruzioni e le demolizioni; il 6 per cento le piattaforme di robot mobili; il 5 per cento i sistemi logistici. Il valore complessivo di tutti i robot di servizio a uso professionale venduti nel 2008 è stato di circa 11 miliardi di dollari. Quanto ai robot per la casa e a uso personale, per ora il mercato è soltanto di nicchia e riguarda i robot per la pulizia e il giardinaggio, per l'intrattenimento di grandi e piccini, per lo studio e per hobby. Dal 2009 al 2012 l'IFR prevede la vendita di 12 milioni di robot a basso costo per le famiglie, per un valore stimato pari a 3 miliardi di dollari.

[4] *Argus II Retinal Stimulation System* è l'ultimo modello della protesi retinica Argus II, messa a punto in California dalla società Second Sight ® Medical Products, Inc, con l'obiettivo di ridare parzialmente la vista alle persone affette da retinopatia pigmentosa, una malattia ereditaria che può portare alla cecità. Il nuovo dispositivo è stato impiantato in aprile 2008

a due persone presso il *Moorfields Eye Hospital* di Londra. Per ora la capacità visiva recuperabile è scarsa, ma la sperimentazione va avanti e porterà con il tempo a risultati migliori. Non mancheranno allora i problemi etici e di politica sanitaria: qualora si riuscisse un giorno a ridare la vista ai ciechi, chi si accollerebbe i costi della spesa sanitaria? Sarebbe giusto restituire la vista soltanto ai ricchi?

[5] La competizione *Grand Challenge* 2005 si è svolta il 10 settembre nel deserto *Mojave*, nel Nevada, in un circuito di circa 132 miglia (212 chilometri circa). A gareggiare sono stati diversi veicoli senza pilota, dei quali solo cinque hanno completato il percorso. Ha vinto *Stanley*, messo a punto dall'Università di Stanford, in California. Per i curiosi c'è il sito web da visitare: http://www.darpa.mil/grandchallenge05/gcorg/index.html.

[6] *L'uomo bicentenario* (Chris Columbus, 1999, Usa) è tratto dal racconto di Isaac Asimov e Robert Silverberg *"L'uomo positronico"*. Secondo Gianni Zanarini, fisico e profondo conoscitore della figura del robot nella cinematografia, «il film sviluppa in modo molto interessante l'evoluzione di un robot in funzione degli sviluppi della tecnologia, effettuando una sorta di ricapitolazione della storia della fantascienza. Da robot elettronico, l'an-

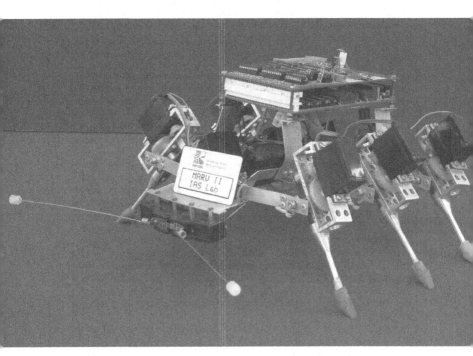

*Marv, un simpatico robottino a sei zampe, impiegato per studiare il controllo dell'andatura. Per gentile concessione del Bristol Robotics Laboratory, Gran Bretagna*

droide acquista a un certo punto una ricopertura simile alla carne, poi una struttura interna simile a quella umana, e infine la caratteristica più specificamente umana: quella di invecchiare e morire» (da un testo inedito ricevuto personalmente da Zanarini).

[7] *Blade Runner* (Ridley Scott, 1982, Usa) narra le gesta di un gruppo di androidi, più forti e più intelligenti degli uomini, che per la paura di una morte imminente (programmata da chi li ha costruiti) si ribellano al "creatore" pretendendo una vita più lunga. La trama del film è liberamente ispirata al romanzo dello scrittore americano Philip K. Dick, "*Do Androids Dream of Electric Sheep?*" (1968), in italiano "Ma gli androidi sognano pecore elettriche?" Fanucci, Roma, 2000.

[8] Il romanzo "*Frankenstein, o il Prometeo moderno*" fu scritto da Mary Shelley a più riprese tra il 1818 e il 1819 e nella sua versione definitiva nel 1831. Nel racconto si evocano in spirito romantico i dolori patiti da Victor von Frankenstein per aver assecondato la sua smania di dare vita a un corpo umano inanimato da lui stesso assemblato con parti ricavate da cadaveri di alcuni uomini.

[9] Il celebre robot umanoide *Asimo* (acronimo di *Advanced Step in Innovative MObility*) nasce nel 2000 dai laboratori dell'Honda dopo una lunga "gestazione" durata circa 15 anni. È alto 120 centimetri, sa camminare, correre, salire e scendere le scale, ballare, stare in equilibrio su una gamba sola. Ma sa anche dirigere un'orchestra, praticare il calcio, il baseball e il bowling e inoltre è in grado di riconoscere le persone, salutarle, chiamarle per nome e seguire oggetti in movimento. Per il livello altissimo della sua tecnologia gli esperti sono concordi nel dire che rappresenta il robot umanoide più avanzato in assoluto. L'Honda lo mette in mostra in ogni occasione possibile a dimostrazione della propria competenza. Nel 2009 *Asimo* è stato ospite in Italia, al Festival della scienza di Genova e alla manifestazione Futuro Remoto, alla Città della scienza di Napoli.

[10] Daniele Nardi è professore di Intelligenza Artificiale al Dipartimento di Informatica e Sistemistica della Facoltà di Ingegneria dell'Informazione dell'Università "la Sapienza" di Roma. Si occupa principalmente di robotica con applicazioni in ambiente domestico e per l'intervento in scenari di emergenza. Dal 1998 è impegnato nelle competizioni di robot calciatori, prima con *Azzurra Robot Team* (http://www.dis.uniroma1.it/~ART), la nazionale italiana di calciatori robot, e poi con SPQR, la squadra dell'Università "la Sapienza" e in competizioni scientifiche internazionali organizzate dalla federazione *RoboCup* (http://www.robocup.org/). Il progetto ha una rilevanza scientifica notevole, perché attraverso una sfida proiettata al futuro come quella di "costruire dei robot calciatori", offre l'opportunità di sviluppare e verificare in uno scenario qualificato e competitivo nuove tecniche per la realizzazione di sistemi robotici intelligenti. Tramite il gioco del calcio si è creato, infatti, un ambito per la sperimentazione e lo sviluppo delle tecniche di percezione e controllo delle azioni dei robot, ma soprattutto per lo studio delle tecniche d'interazione e cooperazione tra robot. Nelle competizioni sono utilizzati robot di dimensioni e caratteristiche differenti allo scopo di affrontare aspetti diversi della ricerca; l'ultima generazione di robot ha assunto le sembianze dell'umanoide. Le competizioni ispirate al gioco del calcio sono state recentemente affian-

cate da competizioni di robot in scenari di emergenza e in ambiente domestico, con l'obiettivo di favorire un trasferimento dei risultati delle ricerche verso le applicazioni.

[11] QRio (acronimo di Quest for cuRIOsity) è un umanoide che nasce nei laboratori della Sony nel 2004 come evoluzione del celebre cagnolino Aibo. Come Aibo, ha esordito alla nota competizione internazionale di robot calciatori RoboCup, a Lisbona, in Portogallo, nel 2004. Alto 60 cm, 7,3 chili di peso, Qrio sa conversare, ricordare, riconoscere le voci e le persone ed esprimere in alcune occasioni il suo parere. Nel 2006 la Sony ha interrotto senza alcuna ragione apparente il progetto.

[12] Gli UAV (Unmanned Air Vehicle) sono velivoli senza pilota dotati di sistemi di registrazione d'immagini e di rilevamento di dati. Provengono dalla ricerca militare e ne esistono di varia dimensione e tipo. I piccoli (i mini UAV) sono forse i più all'avanguardia. Riescono a stare nel palmo di una mano e poiché non danno all'occhio sono utilissimi per compiere azioni di spionaggio senza essere notati. Si usano con successo nella scorta dei convogli militari o civili in territori di guerra, per prevenire eventuali agguati o attentati. Negli Usa li hanno usati anche per prevenire attentati terroristici negli stadi. Gli UAV più tecnologicamente avanzati sono dotati di una discreta autonomia di volo e di ricognizione, ma non possono prendere decisioni su eventuali azioni da compiere, che spettano per ora ai militari o ai civili che ne sono responsabili. Grandi o piccoli che siano, autonomi o pilotati in remoto, tutti gli UAV sono utilizzati principalmente per la ricognizione, la sorveglianza e l'acquisizione di dati riguardanti obiettivi militari e civili. Sono utilissimi anche per la ricognizione delle aree ambientali protette (per esempio, i parchi), per prevenire incendi, atti di vandalismo e abusi edilizi. Il Predator è stato il primo UAV a entrare in Italia. In dotazione dell'Aeronautica militare italiana dal 2004, la sua presenza ha creato problemi di accettabilità normativa. All'epoca, infatti, né la legge, né il codice di aeronavigazione prevedevano il volo di aerei senza pilota. Così, per fare spazio al Predator e tutti gli altri UAV che sarebbero arrivati dopo di lui, il Parlamento ha dovuto approvare una legge ad hoc (Legge 14 luglio 2004, n. 178, "Disposizioni in materia di aeromobili a pilotaggio remoto delle Forze armate"). Ovviamente, è stato modificato anche il codice di aeronavigabilità (Decreto legislativo15 marzo 2006, n..151, "Disposizioni correttive e integrative al decreto legislativo 9 maggio 2005, n. 96, recante la revisione della parte aeronautica del codice della navigazione"). La necessità di colmare il vuoto normativo all'ingresso del primo UAV in Italia è il segno tangibile di quanto sia urgente stabilire nuove regole condivise per convivere con i robot.

[13] Il tragico incendio divampato nel 1999 sotto il traforo del Monte Bianco ha dato l'occasione all'Italia di progettare un robot collegato alla rete idrica, e in grado di pattugliare le gallerie giorno e notte e spegnere all'occorrenza gli incendi spruzzando acqua. È nato così Robogat, il robot pompiere progettato a Napoli da Domenico Piatti e collaudato per la prima volta nel 2007 sotto la galleria di Pomigliano d'Arco a Napoli, dov'è tuttora esposto e all'opera a titolo di prova. Oggi il sistema è sperimentato in due gallerie stradali campane: la variante alla SS 7 e alla SS 265, tra Maddaloni e Capua nel casertano. Ma domani potrebbe essere

impiegato per individuare e spegnere incendi in luoghi angusti e difficili da raggiungere, nei trafori, nelle fabbriche e ovunque i vigili del fuoco non possano arrivare immediatamente.

[14] Le robot-mattonelle sperimentate dal robotico danese Henrik Hautop Lund, del *Maersk Institute for Production Technology*, sono moduli interattivi in grado di apprendere, con cui si può formare un tappeto calpestabile o una parete. Sviluppate con le reti neurali, interagiscono con chi le calpesta o le tocca, restituendo un segnale luminoso, sonoro o di altro tipo. In buona sostanza correggono di volta in volta l'azione dei loro piccoli allievi, tenendo in memoria la traccia dei loro progressi. Le mattonelle registrano infatti i movimenti di chi le tocca, imparano a riconoscerle e interagiscono con il bambino suggerendogli di compiere un percorso preciso cui adeguarsi per imparare. Oltre che per l'addestramento sportivo (principalmente calcio e danza) le robot-mattonelle sono utilizzate negli studi fisioterapici, per la terapia fisica e riabilitativa.

[15] *HRP* è un umanoide di eccezionali abilità nell'imitazione del movimento tanto da saper danzare il *Bandaisan*, il ballo tradizionale giapponese. In effetti, quando lo si vede danzare è difficile credere che si tratti di un robot: per la grazia con cui si muove sembra dotato di sensibilità umana! *HRP* è stato progettato all'Università di Tokio dal robotico Shin'ichiro Nakaoka ed è stato prodotto dalla *Japan's Kawada* nel 2007 (http://www.kawada.co.jp).

[16] Roomba è il popolare robot aspirapolvere che sa pulire in modo autonomo i pavimenti. Basta programmare il suo orario di lavoro e si organizza da solo le pulizie: grazie a specifici sensori riconosce gli ostacoli e li evita, non ripassa sul pulito e quando ha terminato va a ricaricarsi da solo presso il suo alimentatore. È in vendita dal 2002 al prezzo di circa 200 Euro e ne esistono vari modelli. Per la sua funzionalità e praticità d'uso sta avendo molto successo.

# Et voilà i robot!

## Bruno Siciliano e Guglielmo Tamburrini presentano le macchine del futuro

> Mentre lo temevamo, venne
> ma venne con minor timore
> perché temerlo tanto a lungo
> l'aveva quasi fatto bello.
>
> Emily Dickinson

Un topolino gironzola in cucina nel tentativo di raggiungere la dispensa. Quando, ignaro del suo destino, cade tra le fauci di un predatore che lo divora come pasto quotidiano.

No, non è l'opera del gatto di casa, troppo pasciuto perché svolga il suo ruolo antico di cacciatore, bensì di un robot. Suvvia! Non è un mostro, ma l'evoluzione tecnologica della vecchia trappola per topi, che in questo caso si presenta sotto le mentite spoglie di un tavolo da cucina, capace di ricavare dai topi l'energia di cui alimentarsi per funzionare da trappola. In una gamba del robot c'è un cunicolo che attira i roditori fin sotto il piano, dove si trova il "sistema digerente". Che invenzione! A metterla a punto sono stati i due creativi James Auger e Jimmy Loiseau, che hanno anche realizzato prototipi di lampade che si alimentano "mangiando" moscerini e zanzare! Ma chi avrebbe il coraggio di pranzare su un tavolo del genere? Non è però escluso che un domani un così bizzarro oggetto d'arredamento trovi utilità nelle cucine dei ristoranti.

Il robot-trappola per topi fa parte di una lunga serie di prototipi futuribili che inventori e designer sperimentano nel tentativo di farne oggetti di uso comune, da lanciare sul mercato. Non crediate però che stramberie di questo genere nascano dal nulla: dietro ci sono quelle ricerche scientifiche e tecnologhe che mirano a rendere i robot sempre più *simili* agli esseri umani o ad altre specie animali. Dove la somiglianza riguarda la capacità di imparare dall'esperienza, di prendere decisioni in modo autonomo, di muoversi in

*Ecobot II, il robot del Bristol Robotics Laboratory che si autoalimenta "mangian-do" frutta marcia e insetti. Per gentile concessione del Bristol Robotics Laboratory, Gran Bretagna*

libertà (vincoli permettendo), di comunicare con il linguaggio e con la mimica, di procacciarsi l'energia, e via dicendo. Il tavolo acchiappa topi s'ispira alle ricerche del *Bristol Robotics Laboratory* (Gran Bretagna), determinate a risolvere il difficile problema del reperimento e dell'approvvigionamento dell'energia da parte delle macchine. Nel laboratorio britannico si lavora a una serie di robot predatori chiamati *EcoBot:* sanno procacciarsi materiale organico da soli, "digerirlo" e ricavarne energia. L'*EcoBot* sottomarino, per esempio si sa alimentare ingerendo il plancton.

Ma come si è arrivati a livelli di progettazione così avanzata? Sono tutti così particolari i robot? Quali saranno quelli di domani? Ed è vero che presto saranno nelle case di tutti?

A rispondere a queste e a tante altre domande è un esperto di prim'ordine: Bruno Siciliano, professore alla facoltà di Ingegneria dell'Università Federico II di Napoli, già presidente della IEEE (*Institute of electrical and electronics engineers*) *Robotics and Automation Society.* Lo abbiamo incontrato al "Prisma Lab", il laboratorio da lui diretto all'università partenopea e da cui parte il coordinamento di alcuni progetti di robotica finanziati dalla Comunità Europea. Nel compito impegnativo di disegnare presente e futuro dei robot Bruno Siciliano non è solo. Accanto a lui c'è il filosofo della scienza Guglielmo Tamburrini, che studia le questioni epistemologiche ed etiche aperte dai sistemi robotici e bionici ed è anche lui professore alla Federico II di Napoli, presso la facoltà di Scienze Matematiche, Fisiche e Naturali. Per i robotici, già abituati a lavorare in ambiente multidisciplinare, è naturale avere al proprio fianco i filosofi. Perché, come ci tiene a dire Siciliano: "in robotica finanche un dettaglio tecnico, come i parametri della legge di controllo di una macchina, si presta a un'attenta analisi umanistica. Non è sorprendente?" Ed ecco come i nostri esperti presentano i robot di oggi e di domani.

## Trent'anni di sviluppo

### La passione viene da lontano

SICILIANO – Dal primo automa di Al-Jazari nel 1206, al cavaliere meccanico di Leonardo da Vinci nel 1500, alle bambole giapponesi nell'800 e alla comparsa nel 1920 della parola "robot" in *R.U.R.*, l'opera letteraria di Karel Čapek, la robotica è sempre esistita in forma latente nel sogno umano di replicare se stesso. Fino a quando, nel 2005 all'esposizione internazionale di Aichi, in Giappone, sono stati presentati al mondo alcuni robot in grado di svolgere molte funzioni umane. Oltre al *sogno*, c'è però sempre stato il *bisogno* di costruire macchine utili che ci aiutassero, sostituendoci in molte nostre funzioni. Naturalmente, nel corso del tempo e per molte ragioni anche storiche, la necessità di delegare alle macchine alcune attività tipicamente umane si è fatta sempre più incalzante, fino a caratterizzare tutto lo sviluppo della robotica degli ultimi trent'anni.

### Prima fase: robotica industriale

SICILIANO – Dal 1975 al 1985 la robotica si è affermata come tecnologia matura in campo industriale. In principio i robot erano macchinari stupidi che venivano utilizzati in maniera massiccia nelle fabbriche. Agivano sotto il controllo umano, senza alcun livello di autonomia. Questo genere di robot si chiama automa. Tuttora impiegato in fabbrica[1], è programmato per fare una serie di azioni ripetitive e prestabilite, non reagisce alle caratteristiche mutevoli dell'ambiente e non è in grado di prendere decisioni.

TAMBURRINI – Il robot industriale, come un tempo l'operaio, ripete in successione prefissata gli stessi identici movimenti, e tutto è progettato perché non accadano imprevisti. Non c'è alcun tipo d'interazione, che non sia di tipo prefissato, tra macchina e operatore e tra macchina e ambiente.

## Seconda fase: robotica per l'esplorazione e la ricognizione

SICILIANO – In seguito si è pensato di far uscire i robot dalle fabbriche e di portarli con funzioni più evolute in ambienti di altro tipo, come quello militare, biomedico o del soccorso. E così dal 1985 al 1995 comincia a svilupparsi la robotica per l'esplorazione (*field robotics*), che prevede l'uso di robot in luoghi aperti e poco strutturati, e non più in spazi interni e interamente controllati come quelli della fabbrica. I risultati migliori del decennio di studi e ricerche arrivano soltanto nel 2005. Quando per la prima volta alcuni veicoli senza personale a bordo completano con successo un percorso di gara di 132 miglia. È accaduto negli Stati Uniti, al *Grand Challenge 2005* organizzato dalla DARPA, l'agenzia della difesa statunitense che si occupa dei progetti di ricerca avanzati. I robot in gara avevano con sé soltanto la mappa del circuito e per affrontare la competizione hanno dovuto prendere decisioni in modo del tutto autonomo, senza guida umana. La robotica per l'esplorazione, oltre a essersi affermata come tecnologia di punta con i robot mobili della DARPA, ha riscosso eccellenti successi anche nelle applicazioni spaziali. Nel 1997 fu mandato per la prima volta un robot a perlustrare il suolo del pianeta Marte. Si chiamava *Sojourner*. Dal 2004 ci sono invece i *rover Spirit* e *Opportunity*, controllati a distanza dalla stazione NASA di Pasadena, in Usa.

## Terza fase: robotica di servizio

SICILIANO – Dal 1995 al 2005 la robotica industriale e la robotica per l'esplorazione continuano a svilupparsi. Tuttavia comincia ad affermarsi anche la robotica di servizio, il cui obiettivo è l'utilità in senso lato. È il caso del celebre aspirapolvere *Roomba*, del robot-chirurgo *Da Vinci*, impiegato per la chirurgia minimamente invasiva, dei robot per la riabilitazione e dei robot per la psicoterapia. Sono di servizio anche i robot infermiere, badante, baby sitter, e così via.

# Arriva il personal robot

### C'è, ma non si nota

SICILIANO – A mio avviso la robotica si svilupperà al confine con tante altre aree disciplinari. Il progresso tecnologico potrebbe avere luogo in campo biomedico e nella riabilitazione, nel soccorso, nel settore aerospaziale, e via dicendo, dove ci sarà una grande richiesta di sistemi con funzioni robotiche. Mettiamo per esempio la gestione del traffico aereo o del traffico automobilistico. Un sistema robotico migliora certamente l'utilizzo dei corridoi e degli spazi aerei, e del flusso delle automobili. Nelle autostrade americane già ci sono le rampe di accesso con semafori selettivi, sincronizzati, che regolano il flusso d'immissione degli autoveicoli in autostrada: serve per evitare ingorghi. In definitiva quello che sembrava un problema esclusivamente automobilistico e di gestione del traffico può essere risolto con un sistema robotico. Ecco, credo che in futuro la robotica entrerà progressivamente in ogni ambito disciplinare.

### Addio, caro umanoide

SICILIANO – Da qui a vent'anni la scommessa è che il robot s'integri tanto bene nell'ambiente da non essere più notato. Affinché ciò avvenga il robot non deve però avere una forma umanoide. Altrimenti sarebbe percepito in maniera unica, particolare, come se si trattasse di un essere umano, mentre è soltanto una macchina, sia pur particolare. Il robot classico, tanto caro all'immaginario collettivo, diventerà quindi obsoleto e sarà sostituito dalle funzioni robotiche, che si affermeranno nei campi più disparati di applicazione. La fisica dei sistemi robotici può essere applicata addirittura in campo genetico, per il sequenziamento del genoma. È quanto stanno facendo in Usa, all'Università dell'Arizona, sotto la guida di Dee-dee Meldrum[2].

## Un clone non somigliante

SICILIANO – Non è casuale che la robotica stia tentando di capire come funzionino i sistemi biologici. Il robot, anche se non somigliante, deve essere un clone dell'essere umano. Noi robotici stiamo effettivamente cercando di produrre macchine autonome simili a un essere umano, e per farlo bene dobbiamo capire come funzionano i meccanismi biologici.

## Per salvare vite umane

SICILIANO – I robot si sono mossi per la prima volta in un ambiente non controllato a New York, tra le macerie del *World Trade Center* all'indomani dell'11 settembre 2001. Fu Robin Murphy[3] a portare sul posto i suoi robottini mobili, nel tentativo di trovare qualche cenno di vita o i resti delle vittime. L'idea era di utilizzare le macchine in ambienti pericolosi per salvare vite umane nel minor tempo possibile e con un rischio minimo per i soccorritori. La scommessa è stata vinta, perché da allora i robot sono sempre più impiegati nel soccorso, per la bonifica di aree contaminare e anche per lo sminamento. In Afghanistan, per esempio, a cercare le mine scandagliando il terreno con un macchinario sono uomini che rischiano la vita per una manciata di soldi. Ora questo lavoro cominciano a farlo i robot dotati di un'apparecchiatura sensoriale.

## Il robot è personale

SICILIANO – L'uscita dei robot dalla fabbrica ha segnato anche la svolta multidisciplinare della robotica, che ha cominciato a chiamare molti altri saperi oltre a quelli inerenti l'ingegneria, e che ha portato i progettisti a doversi occupare di molte altre questioni, di tipo scientifico, medico e umanistico. Oggi, grazie alla robotica di servizio si sta affermando il concetto di "personal robot", che esordirà nel settore industriale.

TAMBURRINI – Mi sembra prematuro dare una definizione precisa di "personal robot". Meglio dire molto genericamente che si tratta di robot destinati all'assistenza personale e all'aiuto degli esseri umani. A Tolosa, in Francia, stanno tentando, per esempio, di realizzare il robot-maggiordomo[4]. Naturalmente, far muovere un robot in una casa significa anche farlo interagire in un ambiente molto variabile, dove possono accadere eventi poco prevedibili, come il passaggio di un bambino. Tutto ciò comporta molti problemi. Quindi, prima che questi robot possano essere portati in un ambiente domestico, dovranno essere più sviluppate sia la loro intelligenza artificiale, sia la loro capacità decisionale e reattiva. Soprattutto andranno garantite buone condizioni di sicurezza nell'interazione tra robot e ambiente e tra robot ed esseri umani.

SICILIANO – In effetti, nella robotica di servizio il punto critico è proprio l'interazione uomo-robot, che dovrebbe avvenire nel modo più naturale e disinvolto possibile. Com'è accaduto con il personal computer, talmente integrato come tecnologia che lo si trova in qualsiasi ambiente domestico senza che ci si faccia più caso. È talmente integrato con l'ambiente che è, come dire, *sparito*.

## In casa? Non ancora

TAMBURRINI – Oggi non possiamo dire che genere di sistemi robotici entreranno nelle case di domani, se mai vi entreranno. Uno scenario possibile è rappresentato dall'evoluzione della domotica. Immaginiamo per esempio di essere al lavoro, dover tornare a casa per cena e aver necessità di uscire subito dopo. Per semplificarci la vita inviamo un messaggio al computer di casa, che controlla un braccetto robotico, mediante il quale riesce ad aprire il frigorifero, prendere una particolare pietanza e metterla in forno, pronta per l'uso al nostro arrivo a casa, come da programma.

SICILIANO – Sui futuri sistemi robotici da impiegare in ambiente domestico si possono fare tante ipotesi. Un punto cruciale riguarda senza dubbio l'accettabilità di questi sistemi robotici nelle nostre case. E non solo per quel che riguarda il loro aspetto esteriore, che può avere forma umanoide, zoomorfa o laconicamente macchina. Ma anche per quel che concerne la sicurezza e l'affidabilità. Una prospettiva potrebbe comunque essere rappresentata dall'evoluzione dell'elettrodomestico intelligente o del computer. Quest'ultimo, già dotato di un'intelligenza artificiale, potrebbe in effetti evolvere in un robot grazie a una parte senso-motoria, come per l'appunto un braccio animato, oppure un mouse che restituisca una sensazione, per esempio tattile, che funga cioè da interfaccia aptica[5].

## Macchine che sanno apprendere

### Un corpo intelligente

TAMBURRINI – Oggi, anche grazie alla robotica, non si concepisce più un cervello senza la sua parte senso-motoria, come accadeva nelle teorie dell'Intelligenza Artificiale di qualche anno fa. Naturalmente, gli orizzonti limitati dell'Intelligenza Artificiale ai suoi inizi sono stati determinati anche da uno sviluppo tecnologico e non solo teorico. Però è indubbio che l'idea di isolare le capacità cognitive dal senso-motorio, che ha mosso i pionieri dell'Intelligenza Artificiale, non ha funzionato. Dal fallimento si è ritenuto utile tentare di capire come sono integrate le capacità cognitive con il senso-motorio. Oggi, per esempio, è difficile pensare di fare simulazioni cognitive prescindendo totalmente dall'impiego dei robot. D'altronde, in una visione evoluzionistica e di adattamento, se l'intelligenza deve servire a muoversi e a sopravvivere in un ambiente, deve al contempo poter percepire quello specifico ambiente e agire in quella situazione nei modi giusti. Un'intelligenza immersa in un ambiente non può quindi mai essere solo qualcosa di astratto, ma deve avere un corpo.

### Aperto al mercato

SICILIANO – Un'evoluzione analoga si riscontra nell'ambito dei progetti europei[6]. *Echord*[7], un progetto avviato nel 2009, promuove il trasferimento tecnologico dall'accademia all'impresa. Ed è questo il punto: chi gestisce i fondi europei confida in una pro-

Et voilà i robot!

spettiva di mercato. Tant'è che le stesse aziende che ora producono i robot industriali realizzeranno anche i futuri robot di servizio. Questo passaggio dalla robotica di pura ricerca a una robotica, per così dire, applicativa è stata anche anticipata dai pronostici. Uno studio del 2005 della *Japan Robot Association* prevede una forte espansione dei robot di servizio nei prossimi vent'anni. Dal 2005 a oggi già si cominciano a vedere le prime applicazioni di robotica industriale avanzata etichettabili come robot di servizio.

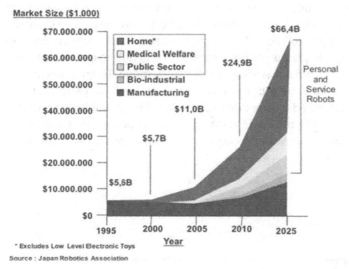

*Previsione dell'andamento del mercato dei robot elaborata dall'Associazione giapponese di robotica*

## Per il fai da te di domani

SICILIANO – Oggi allo studio e in fase di realizzazione ci sono sistemi robotici da usare al posto di strumenti e utensili da lavoro, in modo intuitivo, come un elettrodomestico. Presto potrebbero essere impiegati in fabbrica, per segare, forare, levigare e molare senza fatica e in meno tempo. La versatilità di questo genere di robot non deve farci illudere di poterli presto usare in casa per il fai da te, per esempio come trapano multifunzionale. La realizzazione dei robot di servizio comporta infatti ancora molti problemi, inerenti soprattutto alla sicurezza e al livello di precisione nell'azione.

Et voilà i robot

## Sicuro ma impreciso

SICILIANO – La pericolosità del robot industriale dipende per l'appunto dalla sua precisione. Se il braccio meccanico di un robot in azione si fermasse davanti a un ostacolo imprevisto, come il passaggio di una persona, perderebbe la sua precisione d'azione programmata. E infatti proprio perché è troppo rischioso, nessuno in fabbrica si deve avvicinare al raggio d'azione di un robot. Per rendere sicuro un robot destinato a interagire con un essere umano devo invece dargli flessibilità e cedevolezza, in modo che si ritragga davanti a un ostacolo, grazie a un meccanismo anticollisione. Ma quest'accortezza rende il robot meno preciso di quanto potrebbe essere. Ecco, in questo caso si preferisce la sicurezza a svantaggio della precisione. Tuttavia, anche con questo genere di macchine un certo livello di pericolosità c'è sempre ed è bene quindi che si lavori in un ambiente controllato come l'officina. Ci vorrà molto tempo prima che i robot di servizio di questo tipo entrino nelle case al posto degli utensili di largo uso.

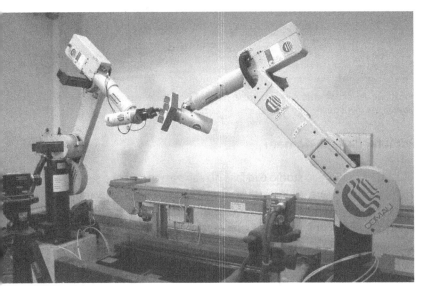

*Un robot industriale "manipolatore". Per gentile concessione del laboratorio Prisma Lab dell'Università "Federico II" di Napoli*

TAMBURRINI – D'altronde in un ambiente domestico gli imprevisti sono all'ordine del giorno, anche solo per la presenza di bambini e di animali domestici. Lavorare con i robot in un ambiente ancora ben strutturato rappresenta tutto sommato una comoda fase di transizione nel corso della quale si può studiare e prevedere tutto quanto potrebbe accadere, molto di più che in un ambiente domestico.

## Maneggevole, versatile, non programmato

SICILIANO – I robot "utensili" non sono programmati, ma apprendono direttamente dall'esperienza le informazioni che servono loro per agire. Ed è per questa caratteristica che riescono a essere flessibili. Per assegnare un compito a un robot di questo genere non faccio altro che indicargli cosa deve fare, accompagnandolo per mano, come si farebbe con un bambino. Allora la macchina, che è dotata di sensori, memorizza l'indicazione, l'acquisisce in maniera intelligente e non la dimentica più. Per esempio, un robot per la molatura lo metto davanti all'oggetto da molare e lui con una telecamera incorporata si rappresenta da solo la griglia dell'oggetto, l'acquisisce e in seguito lo riconosce, indipendentemente dalla posizione in cui gli si presenta.

## Sbagliare è robotico...

TAMBURRINI – Però c'è il rischio che il robot, per esempio, scambi il braccio dell'operaio per l'oggetto sul quale dovrà agire e lo ferisca. Il problema è che un robot che apprende diventa molto simile all'uomo, anche nella sua fallibilità. Tornando al ragionamento di tipo induttivo, come faccio a dire che domani il sole sorgerà? Perché l'ho visto tante volte e proietto sul futuro una regolarità descritta dalle leggi della fisica. Ma sappiamo anche che tante regolarità possono essere invece contingenti, nel qual caso sbaglierei nel considerarle come leggi. Dopo aver visto un gran numero di cigni solo ed esclusivamente bianchi potrei azzardare l'ipotesi che tutti i cigni siano bianchi. Ma se ne vedo alcuni neri, come accadde per la prima volta a un europeo in Australia in occasione del viaggio del capitano Cook nella seconda metà del '700, devo necessariamente rivedere la generalizzazione sul colore dei cigni. La questione epistemologica in questo caso riguarda la consapevolezza che nell'induzione abbiamo possibilità di sbagliare. E se apprendere vuol dire provare a formulare leggi, partendo da un'esperienza passata e proiettandola sul futuro, apprendere vuol dire anche poter sbagliare. Questo meccanismo proiettivo, adottato nella scoperta scientifica e nella quotidianità di tutti noi, è molto simile a quello del robot che apprende. Se il robot applica un ragionamento induttivo, allora potrebbe non riuscire a individuare le regolarità giuste nei fenomeni: la probabilità che sbagli il bersaglio e mi ferisca è dunque reale.

### ... serve il buon esempio

TAMBURRINI – Per ridurre al minimo la possibilità di errore occorre scegliere gli esempi d'apprendimento da presentare al robot in modo che siano davvero rappresentativi rispetto al fenomeno. Di progressi in questa direzione ne sono stati fatti tanti, ma ci sono ancora molte sfide da superare. Questo è un compito della ricerca, che va quindi sostenuta il più possibile, pur sapendo però che i risultati, come accade sempre nella scienza, potrebbero non essere per nulla immediati.

### L'aveva detto il papà della cibernetica!

TAMBURRINI – Questi problemi furono già messi in luce dal fondatore della cibernetica Norbert Wiener, quando l'ipotesi di dare ai robot la capacità di apprendere non era ancora stata esplorata in profondità. Nel celebre libro *God and Golem* (1964) il matematico considera il da farsi in caso di adozione di sistemi di apprendimento destinati ad applicazioni di tipo per esempio bellico. Si dovrebbe fornire ai sistemi una serie di esempi di strategie vittoriose. Tuttavia, si chiede Wiener, qualora come insegnanti sbagliassimo a scegliere i campioni da usare, i sistemi, pur apprendendo correttamente le strategie tanto da giungere alla vittoria, potrebbero tuttavia compiere azioni contrarie a valori etici cui noi teniamo molto.

SICILIANO – Su questo problema si sta lavorando perché un robot amico deve anche essere sicuro. Nell'ambito del progetto europeo *Phriends*, che valuta l'interazione uomo-robot, sono stati eseguiti i *crash test* per verificare la sicurezza dei robot. Si è valutato che un robot leggero[8] uccide un essere umano se lo colpisce alla velocità di due metri al secondo. Per ridurre l'indice di pericolosità dell'impatto frontale il robot è stato dotato di un sistema di anticollisione che prevede la presenza di particolari sensori. Uno di questi, collocato al livello dei motori, gli fa percepire l'ambiente esterno. Un altro sensore, sistemato nella punta del braccio, gli fa sentire il contatto fisico. Il sistema di anticollisione dà al robot la capacità di calibrare il colpo non appena si accorge di essere troppo vicino a un corpo. In buona sostanza, nel momento in cui il robot avverte a livello sensoriale un possibile contatto, parte un algoritmo di controllo veloce (con tempi di risposta dell'ordine di una frazione di millisecondo), che a sua volta attiva una forma repulsiva al livello dei motori. Questi, come risposta, attutiscono il colpo, evitando che il braccio meccanico affondi sul corpo umano con tutta la sua forza. Nei robot dotati di due braccia, e che riescono a manipolare un oggetto con due mani, il sistema di anticollisione serve anche per evitare che gli arti si scontrino tra di loro.

## Accettarli?

### Solo se utile...

TAMBURRINI – Anche prendendo tutte le precauzioni, la sicurezza assoluta non ci sarà mai in un robot. La questione semmai riguarda l'accettabilità da parte nostra di queste nuove macchine. Una delle possibili risposte è di tipo utilitaristico. Si sceglie di adottare o no una tecnologia, rischi compresi, sulla base di un'ampia analisi costi/benefici, comprensiva anche di tutti i valori che ci stanno a cuore. Anche quando sono state introdotte le navigazioni oceaniche con i velieri si sapeva di andare incontro a molti rischi. Tuttavia la società, spinta da interessi di varia natura, ha scelto di accettare il rischio, ed è andata ugualmente in quella direzione. A guardar bene è esattamente quanto accade oggi con tutte le tecnologie.

## L'umanoide turba gli animi

SICILIANO – L'accettabilità del robot rappresenta una sfida non solo rispetto alla sicurezza, ma anche sotto il profilo della forma che gli si vuole dare. Mettiamo i robot dalle fattezze umane o animali. In Giappone e in Corea si ostinano a realizzarli, anche perché fa parte della loro religione scintoista credere che la macchina sia tanto accettabile quanto più somigli a un animale o a un essere umano. In Europa invece c'è molto disinteresse verso questo genere di robot. Basti pensare che i cagnolini *Aibo*, acquistati in Europa soltanto dai gruppi di ricerca, in Giappone sono andati a ruba. Non appena la Sony nel 1999 li ha messi in vendita ne sono stati venduti via Internet migliaia di esemplari in pochi giorni, a duemila dollari ciascuno. Quando il robot dalle fattezze animali o umane ha invece una precisa destinazione d'uso l'accettabilità ha un senso. È il caso, per esempio, del robot foca *Paro*[9], impiegato con successo in via sperimentale nella riabilitazione psicomotoria dei bambini autistici e nella terapia del contatto negli anziani. E in effetti *Paro*, non turba gli animi, ma fa tenerezza e mette allegria.

TAMBURRINI – Quando di mezzo c'è la figura umana, l'accettabilità del robot può farsi critica: la somiglianza può esserci, ma fino a un certo punto.

SICILIANO – In effetti ci sono robot umanoidi davvero impressionanti. Come *Repliee Q1*[10] progettata da Hiroshi Ishiguro all'Università di Osaka, in Giappone. A mio avviso è inaccettabile l'idea di riprodurre un essere umano in modo così verosimile. Il punto su cui discutere è cosa possiamo effettivamente fare con i robot umanoidi. Personalmente ho molti dubbi. Perché, a dire il vero, se mai un giorno dovessimo affidarci a questo tipo di macchine il bipede sarebbe il meno indicato. Non è facile infatti insegnare a un robot dotato di gambe e piedi come si fa a camminare. Un bambino impiega un anno a impararlo! Servirebbe una tecnologia avanzata e costosa e inoltre non ne varrebbe la pena, perché l'impresa comporterebbe problemi di affidabilità e di sicurezza, difficilmente supe-

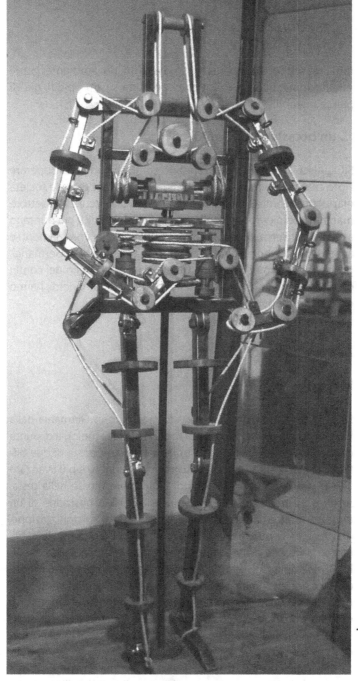
*La riproduzione della macchina di Leonardo Da Vinci, Il cavaliere, in mostra a Futuro Remoto 2009 (Napoli). Foto di Saraclaudia Barone*

rabili. Sarebbe troppo rischioso avere in un ambiente come quello domestico un robot che cammina su due piedi, già di per sé instabili.

## ... un'occasione, un vanto

SICILIANO – I giapponesi si rendono conto di non poter superare i loro confini geografici con i robot umanoidi. Tant'è che le società giapponesi, come Honda e Toshiba, hanno già occupato il settore manifatturiero europeo con i loro robot industriali. E ora puntano ai centri di ricerca, dove si stanno insediando con finanziamenti e accordi di collaborazione. Per esempio, a Bielefeld, in Germania, già c'è un centro di ricerca finanziato da Honda. In fin dei conti i giapponesi, che non realizzano soltanto robot umanoidi, hanno capito che in Europa ci sono ricercatori molto bravi.

## Bravi davvero!

### Faccio il caffè!

SICILIANO – *Justin*, un mezzo busto realizzato in Germania dalla DLR, l'Agenzia spaziale tedesca, rappresenta la tecnologia di punta della robotica europea. Le sue braccia sono composte di due differenti bracci KUKA, il robot industriale più leggero e più avanzato che ci sia. Grazie a un sistema di telecamere messe nella testa, *Justin* è in grado di vedere e di riconoscere la posizione di un oggetto. Inoltre ha un sistema centralizzato di sincronizzazione, grazie al quale può manipolare gli oggetti con entrambe le mani, tanto da riuscire a preparare un caffè con estrema precisione. A livello esemplificativo *Justin* rende il concetto di cosa sia in robotica la cosiddetta "manipolazione bimanuale", che è al centro del progetto europeo Dexmart. Affinché i movimenti del robot siano calibrati e precisi devo gestire in modo intelligente sia il suo moto sia le sue forze. Per fargli manipolare un oggetto con due mani devo sincronizzare tra di loro le sue braccia, che sono per l'appunto due robot distinti. Questa è la difficoltà della manipolazione bimanuale: contare su un controllo centralizzato intelligente che consenta di gestire due robot contemporaneamente.

## Sono aptico e ti emulo

SICILIANO – *UB Hand III*, messa a punto dall'Università di Bologna, è una delle prime mani a dimensione reale mai realizzate. Ha sensori in gel per una maggiore sensibilità nel tatto. La costruzione delle mani meccaniche a dimensione naturale ha sempre comportato problemi per la difficoltà di miniaturizzazione dei motorini delle dita. Questa mano rappresenta abbastanza bene il concetto di robot aptico, che grazie a un collegamento aptico, si limita a emulare i movimenti, che in questo caso sono quelli della mano di una persona. Se sotto una bottiglia metto il robot-mano, e a distanza faccio finta di afferrarla con la mia mano, il robot-mano, cui sono collegato grazie a un guanto sensorizzato, la afferra emulando i miei stessi movimenti. Questo tipo di robot potrebbe trovare applicazione nella manipolazione di oggetti in luoghi inaccessibili o lontani, dove sia possibile il controllo a distanza.

# Il ciborg è qui?

### Il futuro può attendere

SICILIANO – Spesso quando si fanno le previsioni sull'impiego dei robot in società, si guarda troppo in avanti, come se il futuro del robot-maggiordomo, tanto per fare un esempio, fosse dietro l'angolo. Ma la tecnologia oggi non è sufficientemente assestata per fare previsioni di questo tipo. Siamo ancora all'alba della robotica di servizio, che prevede molti sviluppi alcuni dei quali imprevedibili.

TAMBURRINI – Tuttavia il robot utensile che interagisce con l'operatore nell'officina lo vedo come qualcosa di molto più vicino.

SICILIANO – Certo, potrebbe essere definito il primo personal robot industriale. Ma oltre all'utensile potrebbe profilarsi un'altra possibilità rappresentata da una macchina più semplice. Il Giappone ha prodotto un esoscheletro da indossare, una sorta di vestito che potenzia la capacità di camminare e di portare

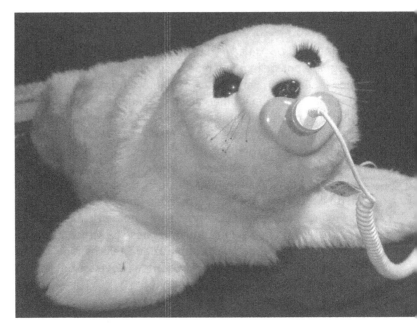

*Paro, il robot-cucciolo di foca si ricarica in un momento di riposo. In mostra a Futuro Remoto 2009 (Napoli), accompagnato dall'Università degli Studi di Siena. Foto di Saraclaudia Barone*

pesi. Si chiama HAL, *hybrid assistive limb*, permette di portare pesi, di scendere le scale senza fare fatica e può essere indossato dalle persone che hanno difficoltà nel muoversi. L'idea dell'esoscheletro però non è giapponese, ma viene dalla ricerca bellica statunitense declinata, come tante altre applicazioni militari, a uso civile.

## Uno zaino stracolmo e leggero

SICILIANO – Uno dei primi robot esoscheletri nasce dal progetto *Bleex* guidato dall'Università di Berkeley, in California, all'avanguardia nella ricerca robotica militare. Bleex è uno zaino intelligente che si collega alle terminazioni nervose delle gambe. Il soldato che lo indossa ne scarica il peso grazie a un meccanismo di autocompensazione che lo fa immergere in qualcosa di simile alla realtà virtuale. Nello zaino si possono quindi mettere apparecchiature pesanti, senza sentirne il peso. In definitiva, chi indossa l'esoscheletro si trasforma in un ciborg, perché si vedono alterate quelle che sono le proprie capacità senso-motorie e propriocettive.

TAMBURRINI – Riguardo al rapporto stretto che si viene a creare tra corpo umano e macchina vale la pena di distinguere vari gradi di simbiosi. Nel caso dello zaino militare, così come altri esoscheletri di questo genere, c'è un segnale in entrata (input) che va dal robot al sistema nervoso periferico e cambia proprio la propriocezione e forse anche la percezione del sé. Un sogno tipico della cibernetica, invece, è il collegamento in uscita (output), che faccia in modo che sia il sistema nervoso centrale o periferico a comandare il robot. Un controllo di questo genere mi permetterebbe, per esempio, di controllare arti artificiali. In questo contesto la ricerca ha fatto molti passi in avanti, ma per le applicazioni si deve ancora attendere.

## Macchine che possono curare

### Si può fare!

SICILIANO – A breve gli esoscheletri potrebbero diventare prodotti di massa. Come d'altronde lo sono già i robot destinati alla riabilitazione. MIT*Manus*[11], realizzato al *Massachusetts Institute of Technology* di Boston, per esempio, aiuta le persone colpite da un ictus a recuperare le capacità senso-motorie compromesse dall'attacco. Il fisiatra programma la terapia di riabilitazione (funziona come una sorta di videogioco interattivo) e il paziente fa ginnastica con la macchina, che registra in modo oggettivo i progressi raggiunti.

TAMBURRINI – Questo genere di robot sopperisce alla cronica mancanza di personale addetto alla terapia.

SICILIANO – Siamo però ancora a livello di prototipo. I robot *MitManus* sono attivi in via sperimentale soltanto in alcuni centri pilota. Ma è significativo il fatto che, per esempio, all'Università Campus

Bio-medico a Roma, dove la macchina è in funzione, la lista delle persone che vogliono sottoporsi alla terapia sia lunga. Segno che i robot impiegati per la riabilitazione fisica sono ben accettati.

TAMBURRINI – Questo genere di applicazioni mediche le vedo molto più diffuse rispetto, per esempio, ai robot chirurghi. Sono stati fin troppo propagandati con l'idea di eseguire operazioni chirurgiche a distanza in paesi privi di strutture, ma questa motivazione è piuttosto debole. È vero che il robot-chirurgo non ha bisogno di un'equipe medica, ma per gestire questi sistemi robotici serve sul posto personale specializzato, sia infermieristico sia per la manutenzione del sistema robotico.

### È il migliore!

SICILIANO – Tuttavia c'è un chirurgo d'eccezione. Si chiama *Da Vinci,* impiegato in molte operazioni, sulla piazza è il migliore in assoluto per gli interventi alla prostata. È molto più preciso di un chirurgo in carne ed ossa, e favorisce una ripresa rapida del paziente in convalescenza. Dopo gli Stati Uniti, dove il sistema è stato sviluppato, il paese che più lo adotta prevalentemente per la chirurgia prostatica è l'Italia, dove all'opera ce ne sono circa una trentina. Purtroppo molti ospedali non hanno il personale specializzato indispensabile per usarlo e mi chiedo quindi perché se ne siano dotati. È singolare, invece che in Giappone, nonostante gli alti livelli di tecnologia robotica, si faccia pochissima chirurgia con i robot.

TAMBURRINI – I sistemi robotici in chirurgia sono molto utili anche per la simulazione degli interventi, per l'addestramento di chi andrà a operare.

SICILIANO – Infatti ci sono simulatori utilizzati per l'addestramento nella chirurgia endoscopica, come per esempio il sistema *SimBionics,* con cui si possono addirittura emulare la consistenza dei tessuti. Questi macchinari funzionano come un videogioco di realtà virtuale e hanno interfacce aptiche che restituiscono una sensazione fisica così verosimile da riuscire a vedere e sentire il tessuto, come se fosse reale.

## Se sbaglia di chi è la colpa?

TAMBURRINI – Oggi con i sistemi robotici si fanno operazioni chirurgiche, si fa riabilitazione psicomotoria, si fa diagnostica per immagini. L'applicazione dei sistemi robotici in ambito medico comporta però da parte di chi opera un atto di delega parziale di controllo alla macchina. Ciò vuol dire che il controllo di certe azioni è diviso tra l'operatore e il sistema robotico. Questa condizione fa nascere problemi di tipo etico e giuridico, che riguardano la responsabilità oggettiva e morale. Se nel corso di un intervento chirurgico il robot sbaglia, di chi è la colpa, del robot o del medico che l'ha guidato? È difficile stabilirlo con certezza. Se, per esempio, l'operatore dà al robot un comando di alto livello, che deve essere eseguito nel dettaglio dalla macchina, che però compie un errore, è difficile stabilire di chi sia la responsabilità. Anche con sistemi robotici all'avanguardia i rischi non mancano. C'è sempre infatti la possibilità di andare incontro a errori di varia natura, che da parte del robot possono essere di tipo percettivo, di ragionamento, di valutazione statistica.

### C'è danno e danno

TAMBURRINI – In base ai livelli di gravità del danno bisognerebbe stabilire una serie di salvaguardie, per pazienti e operatori sanitari, in modo che si evitino quantomeno quelli più importanti. È evidente che prima di far uscire i robot dai laboratori di ricerca si debba essere abbastanza sicuri che il rischio sia accettabile. Tenendo conto del fatto che il rischio zero non c'è neppure con l'uso del frullatore o della macchina per il caffè.

## Troppa immaginazione fa male

### Gli esperti fantasticano...

TAMBURRINI – Le continue proiezioni sul futuro imminente di tecnologie particolarmente innovative creano grandi attese nella popolazione, che si aspetta di poter toccare subito con mano le ipotesi pronosticate. Ma se per qualsiasi ragione i progressi non arrivano, poi tutti si resta delusi. E chi ha promesso il futuro dietro l'angolo rischia il discredito. È già successo con l'Intelligenza Artificiale, che, pur avendo ottenuto risultati molto significativi, ha spesso creato attese da fantascienza, basandosi soprattutto sulle ipotesi di fondo che hanno guidato la ricerca in quel settore.

## ... la stampa esagera

SICILIANO – Però la cosa che mi infastidisce di più sono le esagerazioni dei giornalisti sulle potenzialità dei robot. Emerge sempre la capacità di queste macchine di risolvere tutti i problemi della vita. Molte volte mi è capitato di leggere o di ascoltare notizie sovradimensionate rispetto alle concrete possibilità d'impiego e di azione di un robot. Spesso mi capita di registrare anche imprecisioni tecniche e scientifiche. Chissà, forse la categoria professionale non ha tempo di verificare la correttezza delle informazioni. Certo è che i possibili sviluppi della robotica attraggono molto, ed entrano nell'immaginario collettivo.

## ... e il marketing fa il ritocchino finale

SICILIANO – Se rispetto alla realtà le notizie sono ingrandite la responsabilità è anche dei centri di ricerca, consorzi, aziende, università. Esagerano nella propaganda, portando all'attenzione dei media gli aspetti che più solleticano la fantasia dell'opinione pubblica. È evidente che questo tipo di strategia comunicativa, anche se riesce a far parlare di sé, dà adito facilmente a distorsioni e fraintendimenti da parte dei giornalisti, che non sono specializzati nella materia. Quando per esempio nell'estate 2008 è stato lanciato il progetto *Dexmart*, a Napoli, da cui parte il coordinamento del progetto, la stampa in alcuni casi ha posto all'attenzione lo sperpero di denaro pubblico. Con tutta la disoccupazione che c'è e il problema dello smaltimento dei rifiuti, valeva la pena di costruire un robot barista, che proprio non serve a niente? Il barista in questione è *Justin*, il robot di punta di cui abbiamo parlato. La cosa è divertente, ma non gioca a favore né del progetto, che come sappiamo ha ben altri obiettivi, né della ricerca robotica. Che, come scienza, è soltanto agli albori.

# Alle radici del futuro

Qual è il filo conduttore che unisce le macchine calcolatrici dell'800 ai robot di oggi? Ce lo spiega Edoardo Datteri, ricercatore in filosofia della scienza all'Università degli Studi di Milano-Bicocca.

## In principio la macchina di Turing

«Quando prepariamo una pietanza seguendo una ricetta, o risolviamo problemi di carattere matematico, svolgiamo processi algoritmici. Ovvero facciamo una sequenza di azioni sulla base di un insieme di regole che a ogni passo ci dicono cosa fare dopo. Anche molti sistemi artificiali, tra cui la macchina calcolatrice progettata da Charles Babbage dal 1837 e gli odierni personal computer, svolgono processi algoritmici. Ma con gli algoritmi quali problemi possono essere risolti, e quali no? A questa domanda di carattere generale rispose nel 1936 il matematico inglese Alan Turing, con la celebre macchina che porta il suo nome. Da allora, il lavoro di Turing è considerato fondamentale per comprendere i limiti e le potenzialità dei processi di calcolo».

## Nasce l'Intelligenza Artificiale

«Nel 1956 alcuni pionieri pensarono di sviluppare macchine capaci di svolgere le attività più avanzate dell'intelletto umano: dimostrare teoremi, scrivere musica, giocare a scacchi. Partivano dall'idea che molti processi mentali nell'uomo fossero processi algoritmici. Negli anni '60 nacquero così i primi sistemi di Intelligenza Artificiale capaci di risolvere problemi di "ragionamento" e di manipolazione simbolica».

## Alberi di decisione per vincere a scacchi

«Tra i frutti più popolari dell'Intelligenza Artificiale di quegli anni c'erano i programmi che sapevano giocare a scacchi (come Deep Blue e Deep Fritz): nel 1997 e nel 2006 riuscirono a sconfiggere i campioni umani manipolando algoritmicamente rappresentazioni simboliche della scacchiera e della disposizione dei pezzi su di essa. Molti di quei sistemi si basavano su algoritmi di "ricerca euristica in alberi di decisione"».

### Arrivano i robot e l'IA scopre i sui limiti

«Tuttavia i programmi basati sugli alberi di decisione capaci di vincere a scacchi non sarebbero riusciti, da soli, a far muovere un robot in una casa o in una strada. Il robot Shakey (Stanford, 1969) poteva funzionare solo in ambienti molto statici, ed era lentissimo. Ciò perché nell'ambiente, anche quando non accadono cose impreviste, le possibili disposizioni degli ostacoli nello spazio sono così tante che nella pratica qualsiasi soluzione combinatoriale era, ed è tuttora, irrealizzabile!».

### La svolta

«Negli anni '80 robotici statunitensi come Rodney Brooks (MIT di Boston) e Ronald Arkin (Georgia Institute of Technology) svilupparono una famiglia di metodi per il controllo dei robot d'ispirazione etologica e biologica e che va sotto il nome di "architettura a comportamenti". Grazie a un certo numero di "archi riflessi" che agiscono in maniera concomitante e asincrona, ognuno capace in sé di assicurare un rapido collegamento tra percezione e azione, i nuovi robot potevano muoversi con agilità in ambienti poco strutturati. Ancora oggi sono basati su questo tipo di architettura i robot utilizzati per l'esplorazione, per il soccorso, e i robot di servizio, come quelli usati per l'assistenza a persone anziane».

### Altra strada da fare

«La differenza tra vecchia e nuova robotica è soltanto nel tipo di algoritmo utilizzato per controllare il robot. Alberi di decisione da una parte e algoritmi a comportamenti dall'altra, si tratta pur sempre di sistemi algoritmici, basati su qualche tipo di rappresentazione dell'ambiente e su forme di pianificazione. Ma per robot ancora più evoluti i metodi della nuova robotica dovranno essere combinati con il meglio della "vecchia" Intelligenza Artificiale».

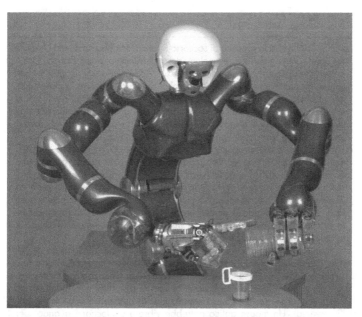

*Justin prepara il caffè con grazia e precisione. Per gentile concessione dell'Istituto di robotica e meccatronica della DLR, l'Agenzia spaziale tedesca*

## NOTE

[1] Il robot industriale cui si fa riferimento è quello impiegato comunemente in fabbrica, per esempio, nelle operazioni di assemblaggio delle autovetture. In una situazione di questo genere uno o più robot compiono varie azioni pre-programmate (montano utensili, afferrano parti, si sincronizzano con altre macchine e con i nastri trasportatori, e via dicendo). Tutto avviene in una sequenza spazio-temporale rigida e immutabile che, per ragioni di sicurezza, non prevede la partecipazione diretta di esseri umani. Solo in caso di malfunzionamento delle macchine o per la presenza accidentale di operai nello spazio di lavoro la sequenza si arresta, grazie a opportune protezioni di emergenza. Il robot industriale di nuova generazione, al contrario, è progettato per condividere lo spazio di lavoro con l'operaio. La "collaborazione" in questo caso avviene in sicurezza grazie all'impiego di sensori e unità di governo intelligenti che, come vedremo, consentono al robot di reagire opportunamente a fronte di situazioni impreviste e di gestire efficacemente l'interazione con l'essere umano.

[2] Deirdre R.(Dee-dee) Meldrum è preside della facoltà di Ingegneria all'*Arizona State University*, dove dirige il centro *Ecogenomics* del *Biodesign Institute*. Nel 2008 ha presieduto la Conferenza internazionale di robotica medica e biomeccatronica "*BioRob*" (www.ieee-biorob.org). La vastità dei temi affrontati nel corso del convegno rendono l'idea di quanto le applicazioni dei sistemi robotici in campo medico siano tante e inaspettate.

[3] Specializzata in robotica di soccorso Robin R. Murphy ha diretto l'*Institute for Safety Security Rescue Technology* della *University of South Florida*. Ora è professore di scienze informatiche al *Texas A&M University*. Dopo l'11 settembre ha continuato a portate i suoi robot adibiti al soccorso in molte situazioni disastrose accorse in seguito agli uragani Charley (2004), Katrina, Rita e Wilma, e nel 2007 alla colata di fango a La Conchita, in California, agli incidenti nelle miniere d'oro del Nevada e del Canyon in Utah e al crollo a Jacksonville, in Florida, del parcheggio in Berkman Plaza.

[4] Ci si riferisce al progetto *Cogniron* finanziato dalla comunità europea nell'ambito dell'iniziativa *"Beyond Robotics"* prevista nel 6° programma quadro (2003-2006) e gestito dall'Università di Tolosa (Francia). Il progetto, molto ambizioso, prevede lo sviluppo di un robot-maggiordomo da impiegare nella vita domestica di tutti i giorni. L'obiettivo principale è quello di studiare le capacità percettive, di rappresentazione, di ragionamento e di apprendimento di un robot inserito in un ambiente domestico. A tutt'oggi i risultati sono però deludenti.

[5] L'interfaccia aptica è un dispositivo interattivo che funziona da periferica, come il mouse del computer, ma che restituisce in risposta una sensazione tattile di forza. Queste interfacce sono utilizzate in contesti di realtà virtuale, come la simulazione di volo, e nei robot teleguidati, come i robot-chirurgo (restituiscono l'impressione di una sensazione tattile dell'intervento). Un mouse aptico potrebbe vibrare o bloccarsi quando, per esempio, si sta lavorando inavvertitamente su un documento sbagliato.

[6] Nel 6° programma quadro (2001-2007) la robotica è stata finanziata nell'ambito delle *Future and Emerging Technologies* perché era considerata un'applicazione avanzata dell'ingegneria, un qualcosa di confinato al puro ambito della ricerca. C'erano progetti molto astratti di Intelligenza Artificiale, come modelli, completamente separati dalla realtà. In quest'ambito era stata avviata l'iniziativa *Beyond Robotics* (Oltre la robotica), che comprendeva tre grossi progetti: *Cogniron*, il robot-maggiordomo, guidato dall'Università di Tolosa; *Neurobotics*, della Scuola Superiore Sant'Anna di Pisa e *I-Swarm*, gli sciami di robot, capeggiato dall'Università di Karlsruhe. Nel 7° programma quadro (2007–2013) la robotica è stata invece accorpata, non a caso, all'area dei sistemi cognitivi. E in particolare nell'area *Cognitive Systems, Interaction, Robotics*, in cui oggi rientra anche il progetto Dexmart, sull'apprendimento dei robot per la manipolazione bimanuale.

[7] Il progetto ECHORD (*European Clearing House for Open Robotics Development*) rientra nel 7° programma quadro, è coordinato dal Politecnico di Monaco (Germania) e prevede la partecipazione dell'Università "Federico II" di Napoli e dell'Università di Coimbra in Portogallo. Ha come obiettivo lo studio dell'interazione uomo-robot, della manipolazione, della sicurezza e dell'apprendimento dei robot, in una chiave di trasferimento tecnologico tra università e azienda. Per l'occhio puntato alle future applicazioni il progetto ha chiamato il più ingente finanziamento europeo mai concesso finora alla robotica: 19 milioni di euro, su un volume complessivo di 24 milioni. Per approfondimenti c'è la pagina web: http://www.eu-nited.net/robotics/index.php?idcat=78&idart=377.

[8] Ci si riferisce ai robot leggeri e potenti progettati presso l'Istituto di Robotica e Meccatronica dell'Agenzia Spaziale Tedesca (DLR). Hanno la

forma di un braccio snodato e molto mobile e possono essere collocati su un piano di lavoro e spostati facilmente a mano. Il prototipo più all'avanguardia è stato presentato nel 2006 dalla società tedesca *KUKA Roboter*: pesa 14 chilogrammi, può manipolare un carico di 13 chilogrammi (stravolgendo così i valori tipici del rapporto peso carico/struttura di 1:10–1:20), è dotato di sensori di coppia ai giunto ed è in grado di apprendere.

[9] Il robot *Paro* pesa circa 3 chili e ha l'aspetto di cucciolo di foca molto verosimile È stato progettato da Takanori Shibata dell'*Istituto di Scienza e Tecnologia Avanzata* di Tokio, in collaborazione con Patrizia Marti dell'Università di Pisa, dove c'è un gruppo di lavoro che studia la relazione uomo-robot. *Paro* è impiegato in via sperimentale per la riabilitazione psicoterapica di persone diversamente abili, soprattutto bambini e anziani. Ha una scheda che raccoglie un numero elevato di dati, anche sui progressi dei suoi "pazienti".

[10] *Q1* è un modello di robot umanoide il cui volto ha l'aspetto di una tipica ragazza giapponese e che fa parte della serie di robot *Repliee* sviluppati dal professore Hiroshi Ishiguro all'*Intelligent Robotics Laboratory* all'Università di Osaka. *Q1* è stato presentato nel 2005 all'expo internazionale di Aichi, in Giappone. Il robot, per usare la terminologia robotica, ha 31 gradi di libertà, cioè tante sono le parti del suo corpo che possono muoversi in varie direzioni. Il modello *Q1* è stato preceduto da *R1*, che ha l'aspetto di una bambina di 5 anni (per l'esattezza ricopia la figlia di Ishiguro) ma con meno libertà e da *Geminoid* (la copia di Ishiguro) L'ultimo modello della famiglia *Repliee* è *Q2* (del 2005): rispetto a *R1* ha solo maggiori capacità di movimento. In prospettiva, con la serie *Replee* Hiroshi Ishiguro vuole realizzare un robot non distinguibile da un essere umano per aspetto, capacità di movimento e di parola. In rete sono disponibili i filmati della serie, alcuni dei quali molto inquietanti! (http://www.expo21xx.com/automation21xx/17466_st3_university/default.htm).

[11] *Mit-Manus*, progettato nel 2000 al MIT di Boston da Hermano Igo Krebs e Neville Hogan, è un robot commerciale per la riabilitazione motoria delle articolazioni degli arti superiori, in particolare per aumentare il tono muscolare delle persone colpite da ictus. Nella versione più evoluta si compone di due robot utilizzabili separatamente o in modalità intergrata: "*InMotion2*", per la riabilitazione della spalla e del gomito e "*InMotion3*" per la riabilitazione del polso. Dopo un breve addestramento i pazienti utilizzano il "videogioco" con molta facilità. In Italia le due macchine sono impiegate con successo all'Università "Campus Bio-medico" di Roma. L'accettabilità da parte dei pazienti è immediata e i risultati sono incoraggianti, anche sotto il profilo psicologico. L'unico problema è l'ingombro e il costo delle macchine. Per questa ragione il Campus Bio-medico sta lavorando al prototipo di un robot riabilitativo portatile e di costo contenuto che abbia funzioni analoghe al *Mit-Manus* e che consentirebbe la teleriabilitazione, ossia la terapia domiciliare assistita da remoto dal terapista.

# Specchio delle mie brame!

## Con un'intervista a Daniela Cerqui

*Siamo ignoti a noi medesimi, noi uomini della conoscenza, noi stessi a noi stessi: è questo un fatto che ha le sue buone ragioni. Non abbiamo mai cercato noi stessi come potrebbe mai accadere che ci si possa, un bel giorno, "trovare"?*

Friedrich Nietzsche, *Genealogia della morale*

Perché nell'immaginario collettivo il robot ha una forma più o meno umana, un comportamento molto simile al nostro e appare ambiguo o anche ostile? Molto può dipendere dalle più antiche tradizioni religiose. In Giappone, per esempio, si crede all'esistenza di una vita spirituale negli oggetti o nei fenomeni naturali. Per dirlo con le parole della ricercatrice giapponese Naho Kitano (*Animism, Rinri, Modernization; the Base of Japanese Robotics*, Atti del Convegno mondiale di robotica ICRA 2007):

> Fin dalla preistoria la fede nella presenza di uno spirito negli oggetti è stata associata con le tradizioni giapponesi mitologiche relative allo Shintoismo, per le quali il Sole, la Luna, le montagne e gli alberi hanno ciascuno il loro spirito e sono considerate divinità. A ogni dio è stato assegnato un nome, gli sono state attribuite precise caratteristiche, e si crede che ognuno abbia il controllo sui fenomeni umani e naturali. Questa credenza è rimasta nel tempo e ha continuato a influenzare i giapponesi nel rapporto con la natura e con l'esistenza spirituale. La convinzione è stata più tardi estesa agli oggetti artificiali e di uso quotidiano, che si pensa abbiano uno spirito, in armonia con gli esseri umani.

Ciò è tanto vero che, ancora oggi, quando le cose preziose di tutti i giorni si rompono, i giapponesi le portano al santuario e le bruciano secondo la tradizione.

Nell'isola del Sol Levante l'animismo è talmente diffuso da coinvolgere anche il mondo dell'impresa. Nessuno si stupisce quando i dirigenti d'azienda portano i loro robot umanoidi al tempio, a pregare per la loro sicurezza e per il successo dell'impresa. Nessuno ritiene ostile la presenza dei robot. E nessuno immagina che queste macchine possano un giorno diventare cattive e prendere il sopravvento sull'umanità. Al contrario, i robot umanoidi sono una presenza rassicurante. Tanto che, non appena la tecnologia e lo sviluppo del mercato lo permetteranno, sono destinati a entrare nelle case della gente comune, nelle vesti di "dame di compagnia". Non a caso, tra le applicazioni pacifiche della robotica l'assistenza agli anziani è una delle più studiate in Giappone, per via di due problemi convergenti: l'invecchiamento della popolazione e la mancanza sia di personale badante, sia di strutture sociali tali da poter sostenere questo fenomeno demografico.

## Sei il mio totem

L'atteggiamento degli occidentali è invece opposto a quello giapponese. Il robot è in grado di scatenare da tempo immemorabile sentimenti ambivalenti fatti d'inquietudine e attrazione, abilmente trasferiti dalla letteratura, dal teatro, dall'arte figurativa e poi anche dal cinema nelle figure affascinanti e temibili di mostri, automi e androidi. Nondimeno, anche in Occidente la propensione a progettare robot dall'aspetto umano potrebbe derivare da una religione primitiva, il feticismo, che nell'antichità prevedeva l'adorazione di oggetti dalla forma vagamente umana o animale, ritenuti sacri e dotati di grandi poteri sull'umanità. Del feticismo antico si è persa oggi ogni tradizione. Tuttavia qualcosa è rimasto nel feticismo moderno[1], che porta al desiderio morboso dell'oggetto in sé. Nel caso del robot la passione è però ricca di ambivalenze: può scatenare sentimenti repulsivi e innescare una sorta di tabù che ne preclude, salvo casi particolari, addirittura la progettazione, la costruzione e l'uso. Quindi da una parte c'è l'attrazione feticistica, dall'altra la diffidenza e la ripugnanza nei confronti della macchina.

Che la mania di costruire robot umanoidi derivi in Occidente da una sorta di feticismo si deduce in parte dalla loro inutilità, dalla loro funzione autoreferenziale. Che farne, per esempio, di robot che sono riproduzioni fedeli del fisico Albert Einstein e dello scrittore di fantascienza Philip Dick, come quelle realizzate dall'azienda americana *Hanson Robotics* con grande impiego di denaro e tecnologie avanzate? Chi non prova inquietudine davanti a queste macchine può ammirarne la riproduzione in sé, prendere atto delle icone che Einstein e Dick rappresentano; come quando si va al museo delle cere per ammirare l'immagine iconica di quelle che furono le grandi celebrità di un tempo. E così, questi prodotti tecnologicamente avanzati possono facilmente trasformarsi in feticci, bambole da contemplare o da tenere con sé per il puro gusto di possederle, di godere della loro presenza, del loro aspetto, come in parte accade con le opere d'arte.

Di sicuro, non c'è bisogno di attendere che uomini e donne si innamorino di questo genere di macchine per constatare che l'interazione tra esseri umani e robot umanoidi troppo verosimili sia problematica. Lo aveva considerato già nel 1970 l'esperto di robotica giapponese Masahiro Mori[2] con un'ipotesi molto suggestiva che va sotto il nome di *Bukimi no tani* (in inglese *The Uncanny Valley*, in italiano "La valle del perturbante").

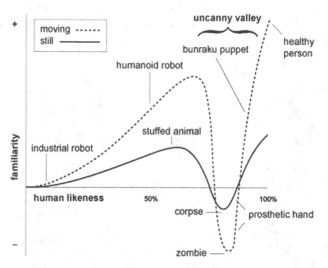

*La curva dell'Uncanny Valley di M. Mori (fonte: M. Mori, "Bukimi no tani", in Energy", 7, 33–35)*

# Il tuo volto, la mia immagine

Che genere di reazione emotiva si può avere di fronte a un robot molto simile a noi? Dipende dal grado di somiglianza del manufatto, ipotizzò all'epoca Mori. Se il robot ricorda solo vagamente la forma umana, non ci facciamo neanche caso (come con le faccine *emoticon*). Man mano che la somiglianza aumenta l'artefatto suscita sempre più simpatia, diventa familiare, ci riconosciamo in lui, ci rassicura e la nostra interazione è positiva e amichevole. Quando invece il robot si fa molto simile a noi, ma non proprio identico, c'è un momento in cui la nostra reazione cambia di colpo e si trasforma all'istante in una forte repulsione: l'oggetto ci sembra dapprima un cadavere e poi, se la somiglianza cresce ancora un po', ci appare come uno *zombi*, un morto vivente. Il nostro rapporto torna improvvisamente empatico e ci comportiamo come se fossimo davanti a una persona quando il robot diventa invece pressoché identico a un essere umano.

Quest'andamento, che segue una curva che sale e poi scende rapidamente, Mori lo chiarisce con una metafora:

*Eccerobot, il sorprendente umanoide leggero e flessibile. Costruito con polimeri e materiali elastici riproduce le ossa, le articolazioni, i muscoli e i tendini dell'essere umano. Per gentile concessione del consorzio Eccerobot (http://eccerobot.org), progetto europeo sviluppato nell'ambito del 7° programma quadro*

La scalata di una montagna è l'esempio di una funzione che non cresce in modo continuo: l'altitudine non aumenta in modo costante, perché la distanza dalla cima aumenta o diminuisce per la presenza di colline e valli. Ho notato che quando i robot appaiono molto simili agli umani, il nostro senso di familiarità cresce fino a che raggiungiamo una valle, che io chiamo *Uncanny Valley*.

La *valle del perturbante* porta l'attenzione sugli aspetti psicoanalitici della fissazione di costruire i robot umanoidi. Come fa notare Giuseppe O. Longo:

> Il perturbante è ciò che è familiare e insieme spaventoso, è ciò che somiglia al domestico ma cela in sé qualcosa di estraneo, enigmatico, indecifrabile e potenzialmente minaccioso. Tra questi oggetti possiamo annoverare il doppio, il sosia, l'ambiguo, l'ammiccante: ciò che suscita diffidenza per la sua somiglianza quasi perfetta, che allude all'Altro, e ci presenta questo spaesante specchio-di-noi.

Il concetto del perturbante, ben noto e radicato da tempo nella psiche, fu introdotto dallo psichiatra Ernst Jentsch in un suo saggio del 1906 ("Sulla psicologia dell'*Unheimliche*"), e fu ripreso e approfondito dal padre della psicoanalisi Sigmund Freud nel 1919 in *Das Unheimliche*.

Il concetto del perturbante è importante per la sua dualità: nello specifico il robot ci appare per ciò che *è* (una macchina), ma anche per ciò che *non è* (un essere vivente, un cadavere, uno zombi). Potrebbe celarsi dietro questo dualismo la ragione per cui le immagini di robot e di mostri umanoidi, tanto care a scrittori, artisti, cineasti e progettisti, continuano ad attrarci in modo irresistibile.

C'è anche un altro elemento di ambivalenza che si coglie tra le righe del saggio di Jentsch:

> il dubbio che un essere apparentemente animato sia vivo davvero e, viceversa, il dubbio che un oggetto privo di vita sia per caso animato.

Nasce il sospetto che "processi automatici, meccanici, possano celarsi dietro l'immagine consueta degli esseri viventi". Su questo effetto gioca molto la narrazione, e, infatti, riferendosi all'opera dello scrittore romantico E.T.A. Hoffmann, Jentsch fa una considerazione che può essere agevolmente trasferita nei robot di oggi, temuti e al contempo amati:

> Uno degli espedienti più sicuri per provocare senza difficoltà effetti perturbanti mediante il racconto consiste nel tenere il lettore in uno stato d'incertezza sul fatto che una determinata figura sia una persona o un automa, facendo in modo però che questa incertezza non focalizzi l'attenzione del lettore, affinché costui non sia indotto ad analizzare subito la situazione e a chiarirla, perché in tal caso questo particolare effetto emotivo svanirebbe facilmente.

## C'è intesa tra noi

Alla base dell'ipotesi di Masahiro Mori c'è l'empatia[3], in altre parole l'unione o la fusione emotiva con altri esseri o oggetti (considerati animati). Il concetto di empatia meriterebbe un approfondimento che qui per ovvie ragioni non può trovare spazio. Ma, giusto per farvi accenno, possiamo dire che il concetto nel corso degli anni è entrato più volte nel dibattito filosofico, sia pur in modo altalenante, fino a quando le due grandi filosofie del '900, l'ontologia di Martin Heidegger e l'esistenzialismo di Jean Paul Sarte, con la loro importanza e imponenza gli hanno fatto ombra. Tanto più che le due filosofie potevano agevolmente spiegare il rapporto stretto che c'è tra gli esseri umani (tra me e l'altro) in ben altro modo.

Oggi l'empatia è tornata alla ribalta e si studia con attenzione nelle università, grazie anche alla rilevanza che le è stata data dalle neuroscienze e, in particolare, grazie alla scoperta dei neuroni specchio da parte del gruppo dell'Università di Parma coordinato da Giacomo Rizzolatti. I ricercatori, basandosi sul modello animale, hanno scoperto che quando osserviamo gli altri compiere una qualsiasi azione (per esempio, fare un passo di danza) nel nostro cervello si attivano gli stessi neuroni (i neuroni specchio) che si attiverebbero se compissimo realmente l'azione osservata: come se anche noi facessimo esattamente quanto sta facendo l'altro.

La scoperta ha offerto una base fisiologica all'empatia, e la capacità umana di sapersi mettere nei panni dell'altro è stata giustificata positivamente. Da qui l'idea che i nostri neuroni specchio si attivino anche davanti alle azioni dei robot antropomorfi e zoomorfi. In effetti, esperimenti recenti confermano che quando una scimmia osserva un umanoide muovere braccia e mani per raggiungere e manipolare oggetti si attiva il suo sistema di neuroni specchio. Poiché è molto probabile che ciò accada anche nell'uomo si pensa alla possibilità di sviluppare un codice d'azione di base condiviso tra esseri umani e robot. Spetta ora alla ricerca il compito di scoprire quali potrebbero essere le caratteristiche fondamentali di un eventuale codice, in modo da progettare robot con un'architettura adeguata al sistema specchio.

## Un tipo emotivo

Anche se irragionevole, pare dunque connaturale umanizzare i robot che ci somigliano in aspetto e comportamento. D'altronde, oggi sappiamo che alla base delle nostre convinzioni, credenze e modi di agire ci sono le emozioni, e non solo la ragione. Come si legge nel bel libro *L'arcipelago delle emozioni*, dello psichiatra Eugenio Borgna:

> L'intuizione, l'orizzonte di conoscenza emozionale, ci consente di cogliere il *senso* di ciò che un'altra persona prova e rivive: la misura della sua immaginazione e della sua fantasia, della sua gioia e della sua malinconia, della sua sofferenza e della sua angoscia, della sua capacità di amare e della sua in-differenza ai valori dell'amore e dell'amicizia. Non c'è alcuna conoscenza, alcuna esperienza nella vita che non sia accompagnata da una tensione emozionale: premessa a ogni utilizzazione delle conoscenze acquisite razionalmente.

Non c'è da stupirsi quindi se tra uomo e macchina si crei un legame stretto, un attaccamento simile per certi versi a quello che proviamo nei confronti dei nostri piccoli animali da compagnia. Il legame sarebbe addirittura indipendente dalla forma del robot.

Non a caso, di recente nell'ambiente militare si cominciano a registrare casi di tristezza da lutto nei soldati che "perdono" i loro robot in guerra. Inoltre, una ricerca di stampo sociologico condotta negli Stati Uniti dal *Georgia Institute of Technology* e dalla *Siemens Medical Solutions* mette in risalto la bizzarra tendenza delle persone, soprattutto giovani, a umanizzare Roomba, il robot che fa le pulizie (*Housewives or Technophiles? Understanding Domestic Robot Owners*, 2008).

Del resto, una componente emotiva c'è anche nel modo in cui progettiamo e utilizziamo un prodotto tecnologico. E poiché il robot (umanoide o no) ci somiglia funzionalmente può, in effetti, nascere l'idea che anche lui, come noi, debba essere emotivo. La questione se l'era posta nel 1998 lo psicologo e ingegnere Donald Norman nel suo libro *The design of every day things*:

> Basandoci soltanto sulla logica pura potremmo trascorrere l'intera giornata bloccati da qualche parte, incapaci di muoverci mentre riflettiamo su tutto quello che potrebbe andare male, come accade ad alcune persone con disturbi del sistema emozionale. Per prendere decisioni ci servono le emozioni: anche i robot ne avranno bisogno.

Nel nostro caso il genere di emozioni, precisa Norman:

> [...] dipende dal tipo di robot che si ha in mente, dal compito che deve eseguire, dalla natura dell'ambiente circostante e dalla sua vita sociale. Interagisce con altri robot, animali, macchine o persone? Se è così, avrà bisogno di esprimere il proprio stato emotivo come pure di determinare le emozioni di persone e animali con cui interagisce.

La questione un po' fantascientifica sollevata all'epoca da Norman oggi è diventata per certi versi importante: la somiglianza con il robot deve esserci anche sotto il profilo emotivo? Può darsi, ma non è detto. Chissà però se alla luce di nuove scoperte un giorno queste macchine saranno dotate di neuroni specchio artificiali, tanto da renderle empatiche nei nostri confronti!

# Non andare alla fiera!

Se la letteratura e il cinema hanno sempre fatto appello alle presunte emozioni dei robot, oggi anche il marketing se ne occupa con estremo interesse: per vendere i prodotti e magnificare il marchio. C'è un divertente spot pubblicitario realizzato dai creativi dell'*iRobot*, l'azienda che produce Roomba. Il cortometraggio, mandato in onda dal network radiotelevisivo americano NBC, illustra le doti del piccolo *Woomba* (un Roomba in miniatura): così scrupoloso nelle sue funzioni di pulizia da volersi occupare in modo ossessivo anche dell'igiene intima della padrona di casa. Naturalmente, *Woomba* è un articolo immaginario che nasce per celebrare in modo scherzoso l'efficienza quasi-umana del noto aspirapolvere.

Sappiamo bene che il marketing quando ne ha bisogno prende in prestito con estrema disinvoltura anche le armi della seduzione tipiche della pubblicità. Non stupisce quindi che l'in-

*Il robotico creativo David Hanson al lavoro nel suo laboratorio di Dallas (Usa). Per gentile concessione della Hanson Robotics Inc.*

dustria robotica per affermarsi sul mercato faccia leva sulle emozioni, non solo ammiccando all'*eros*, ma anche al dramma di una catastrofe. È il caso dell'Honda. Dopo il sisma che nel maggio 2008 colpì il Sichuan (Cina), provocando 50 mila morti, l'azienda portò il celebre e straordinario umanoide Asimo dai bambini terremotati. I piccoli non avevano mai visto un robot, e giocando con lui certamente ebbero occasione di divertirsi ed

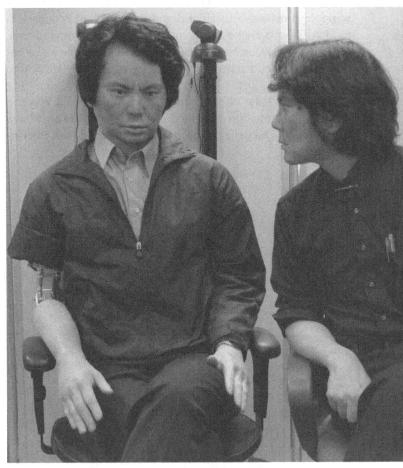

*Geminoid, l'androide creato a propria immagine dal professor Hiroshi Ishiguro (nella foto a destra). Per gentile concessione dell'ATR, Intelligent Robotics and Communication Laboratories di Kyoto, Giappone (www.irc.atr.jp/en)*

evadere un po' dalla paura. Eppure, sebbene l'iniziativa rientrasse nel quadro di un'azione umanitaria, per il colosso giapponese la tragedia è stata anche una buona occasione per mettersi in mostra in un contesto di mercato, qual è la Cina, quasi del tutto vergine quanto a robotica.

Detto questo, sulla tendenza a umanizzare le macchine resta ancora un aspetto da esplorare. Alla lunga dove ci porterà il tentativo di replicare le funzioni umane o animali nelle macchine, che sono sempre di più ispirate alla natura?

Per la verità, pare che allo stato attuale le tendenze estreme da prendere in considerazione siano due. La prima è l'evoluzione dei robot in entità sempre più simili a organismi viventi. Nell'immaginario questa tendenza si esprime nella paura che le macchine prendano il sopravvento ed è rappresentata in una pletora di film. Sono un esempio splendido di amplificazione della paura la trilogia *Matrix* diretta dai fratelli Wachowski (1999), *Io robot* di Alex Proyas (2004), la fortunata serie *Terminator* (1984-2009). La seconda tendenza in questione è la progressiva trasformazione dell'uomo in ciborg ai fini del miglioramento e del potenziamento delle capacità fisiche e cognitive. Si tratta di uno scenario nuovo, solo in parte esplorato dalla fantascienza (il film *RoboCop* del 1987 ne è un esempio straordinario!), ma ben rappresentato nel fumetto. I supereroi come l'uomo ragno, i fantastici quattro, Hulk, e via dicendo, sono tutte persone "comuni" che si trasformano in umani superdotati dopo la contaminazione accidentale o voluta con sostanze o radiazioni di varia natura e con l'aiuto di dispositivi particolari.

## Umani e postumani: la metafora dello specchio
### Intervista a Daniela Cerqui

Anche se stiamo, parlando di scenari, poco aderenti alla realtà dei fatti e allo stato attuale della ricerca, viene naturale a questo punto farsi una domanda: che cosa potrebbe accadere se un domani le due tendenze si concretizzassero in qualche misura? Lo abbiamo chiesto all'antropologa Daniela Cerqui: ricercatrice presso la Facoltà di Scienze sociali e politiche dell'Università di Losanna, in Svizzera, collabora con il laboratorio di cibernetica dell'Università di Reading, in Gran Bretagna, e conosce quindi da vicino entrambe le tendenze (l'evoluzione dei robot in entità sempre più simili a organismi viventi e la progressiva trasformazione dell'uomo in ciborg ai fini del miglioramento e del potenziamento delle capacità fisiche e cognitive). Le sue considerazioni lucide, emozionanti, per certi versi preoccupanti e cupe ci accompagnano negli scenari solo in parte prevedibili del futuro.

*Daniela Cerqui, perché ci piace immaginare che i robot siano dotati di sentimenti simili ai nostri?*

Noi esseri umani ci rispecchiamo da sempre nelle macchine, nel senso che ricerchiamo in esse le qualità che ci definiscono, sentimenti compresi. Sotto questa spinta sperimentiamo macchine sempre più simili a noi, nelle quali ci riconosciamo. In effetti, con lo sviluppo della tecnologia sembra che oggi i sentimenti siano l'ultima delle qualità umane da riprodurre in una macchina. Tutto ciò che riguarda l'aspetto intellettuale è stato infatti replicato nei computer, con l'Intelligenza Artificiale.

*Se ci rispecchiamo in loro, perché nell'immaginario consideriamo i robot troppo buoni o troppo cattivi?*

La questione è ambivalente. Nell'immagine che ci giunge dallo *specchio* c'è quanto nel robot vogliamo riconoscere di noi. Ma c'è anche la repulsione per un'eccessiva somiglianza: una macchina *troppo* simile ci fa paura.

*E perché la somiglianza con le macchine, volutamente ricercata, ci farebbe paura?*

Perché il *troppo* è l'espediente utile a mantenere la distanza tra noi e loro: il *troppo* fissa la differenza e segna il limite. Quando indirizzato a riprodurre le caratteristiche umane questo limite si sposta sempre in avanti, a ogni avanzamento tecnologico. Un tempo si diceva che avremmo ottenuto un'intelligenza artificiale simile a quella umana non appena un computer avesse vinto una partita a scacchi con un campione in carne ed ossa. Quando nello stupore di tutti la partita fu vinta davvero, furono in molti a precisare che l'intelligenza umana era da ritenersi superiore rispetto a quella di un programma. Non era mai accaduta una cosa del genere: era *troppo*! Allora è scattata la paura. E quel *troppo* ha segnato la differenza, tra il giocatore umano e il calcolatore.

*La metafora dello specchio è molto affascinante. Ha forse un'origine antica?*

A dire il vero, per come la intendiamo oggi a livello di ricerca scientifica, la metafora dello specchio trova origine nella cibernetica. Il suo fondatore, il matematico Norbert Wiener, diceva che non ci sono differenze, come dire, di "natura" tra esseri viventi e robot. Egli riteneva che la differenza tra materia vivente e non vivente non dipendesse dall'organicità della prima rispetto all'inorganicità della seconda, ma dal livello di organizzazione della materia stessa. La materia vivente sarebbe organizzata in modo tale da potersi riprodurre biologicamente, mentre la non vivente no. Ancora oggi, in molti laboratori di robotica si pensa che le caratteristiche riproduttive della materia vivente possano diventare una specificità della materia inorganica: tutto sta a metterla in condizione di organizzarsi bene. Ho l'impressione che nella società contemporanea prevalga l'idea che la nostra intelligenza, la nostra vita, siano fenomeni spontanei di organizzazione della materia, e che questi fenomeni possano manifestarsi un giorno anche nelle macchine: è questa la metafora dello specchio, si arriva a credere di essere simili alle macchine. Ma io non ne sarei così sicura!

*Tornando ai sentimenti, qualche laboratorio sta davvero tentando di riprodurli?*

Anche se non lo dichiarano espressamente sono certa che l'idea di riprodurre i sentimenti umani in una macchina sia lo scopo finale di ogni laboratorio di biorobotica.

*Non è un'idea troppo fantascientifica?*

Direi di no. I laboratori di ricerca che perseguono l'obiettivo si rifanno alla cibernetica, non alla fantascienza. Partono per l'appunto dall'idea che un robot lasciato libero di organizzarsi possa, alla fine, conquistare un livello di organizzazione tale da essere considerato "vivo" e "intelligente". D'altronde, per l'ideologia cibernetica tutto è una questione di organizzazione, quindi le emozioni e i sentimenti rappresentano *soltanto* il livello organizzativo più difficile da raggiungere.

*Da quando la robotica punta alla riproduzione dei sentimenti umani?*

Da quando il paradigma si è spostato dalla macchina programmata, tipica della robotica classica, alla macchina capace di apprendere da sola, propria della robotica di punta, dove si valorizza molto l'autorganizzazione del robot. Qui a Losanna, per esempio, i colleghi dei laboratori di robotica la sera lasciano i loro robottini liberi di circolare nel parco del Politecnico. Il giorno dopo sono molto contenti di scoprire che cosa queste macchine abbiano imparato di nuovo! Anche al laboratorio di cibernetica dell'università di Reading lavorano in direzione dell'autorganizzazione del robot. Certo, oggi siamo solo agli inizi della sperimentazione, e i robot sanno apprendere soltanto nozioni rudimentali, come procurarsi l'energia di cui hanno bisogno nel punto giusto. Ma in fondo, la riproduzione delle emozioni è un orizzonte ancora molto lontano...

*Nel laboratorio di cibernetica dell'Università di Reading un robot è stato dotato di un "cervello" a base di neuroni di topo. Non è sconcertante?*

No, non è sconcertante. L'esperimento con il robottino Gordon è il più recente di una serie condotta in quel laboratorio di cibernetica sotto la direzione di Kevin Warwick. Nel '98 lo scienziato sperimentò per primo l'impianto di un microchip identificativo su se stesso. Nel 2002 se ne fece impiantare un altro, questa volta collegato al sistema nervoso, allo scopo di trasferire direttamente informazioni e comandi a un computer. Infine nel 2008 è arrivato Gordon.

*Che nesso c'è tra l'impianto del microchip e il robot con i neuroni di topo?*

Credo che l'obiettivo sia il medesimo: collegare il cervello umano a una macchina. Procedendo con ordine, come primo passo abbiamo un chip impiantato nel corpo umano, ma non collegato al sistema nervoso; come secondo passo un altro chip collegato al sistema nervoso; come terzo passo un cervello umano da collegare alla macchina. Quest'ultimo esperimento però non è praticabile perché la sperimentazione sull'uomo a certi livelli è vietata. Allora come strada intermedia Warwick ha scelto di invertire le cose, andando a vedere cosa succede collegando cellule nervose, in questo caso quelle di un topo, a un robot. Sono tre piccoli tasselli che insieme fanno capire qual è la direzione degli esperimenti intrapresi dal laboratorio britannico: la fusione tra l'essere umano e la macchina. D'altronde, non c'è da stupirsi, perché l'obiettivo di Warwick si configura nell'orizzonte verso cui tende la nostra società, in modo logico e consequenziale.

*Vuol dire che la società tende realmente alla fusione tra uomo e macchina?*

Certamente, sì. Non è fantascienza, ma esattamente quanto tutti noi stiamo cominciando a chiedere al mercato in questa società cosiddetta dell'informazione o della conoscenza. È sempre più diffusa, infatti, l'idea che prima si accede all'informazione, meglio è. Mi stupisce che si resti sconcertati davanti alle sperimentazioni dei cibernetici e dei biorobotici. Non ci si rende conto del legame che unisce l'attività dei ricercatori, tanto criticati per l'audacia dei loro esperimenti, e i comportamenti quotidiani di noi comuni esseri umani. Usando Internet, per esempio, ci si lamenta della lentezza dei collegamenti e vorremmo che tutto fosse più veloce e immediato. Con grande disinvoltura teniamo il telefono in tasca, dimenticando che fino a qualche anno fa l'apparecchio era attaccato a una parete, con fili e cavi. E magari tra qualche anno il telefono lo porteremo nel corpo. C'è già il micro-telefonino da impiantare in un dente, l'hanno sperimentato nel 2002 i ricercatori Jimmy Loizeau e James Auger, presso il *Media Lab Europe* di Londra (il laboratorio ha cessato la sua attività a gennaio del 2005, ndr).

*È vero che presto molti esseri umani si trasformeranno in ciborg?*

Forse per influenza della fantascienza la parola ciborg oggi si usa soltanto con riferimento alla fusione tra uomo e macchina. Tuttavia la prima definizione, data dalla Nasa nel 1961, riguardava gli astronauti *migliorati* o *potenziati* al fine di sopportare meglio le condizioni estreme cui sarebbero andati incontro nello spazio. Il potenziamento poteva avvenire attraverso l'uso di farmaci, di dispositivi e di ogni altro mezzo possibile in grado di incrementare le prestazioni umane. Credo che dovremmo tornare al significato originario di ciborg, più ampio e autentico rispetto a quello di oggi. Anche perché la nostra società sta andando verso una trasformazione più generale dell'essere umano, grazie agli impianti tecnologici, ai farmaci, ai trapianti d'organi umani o animali, alla chirurgia estetica e persino alle vitamine e ai vaccini. In fondo, adottando la definizione classica del termine possiamo ben dire che molti esseri umani *migliorati* o *potenziati* sono già ciborg.

*Dove ci condurrà il cammino intrapreso della fusione tra uomo e tecnologia?*

Non saprei di preciso. Sono molte le specie viventi che si sono estinte nel corso del tempo, e non c'è ragione di credere che la nostra debba sopravvivere a tutti i costi. Dovremmo però chiederci se l'essere umano sia adattabile all'infinito, o se invece ci sia un limite superato il quale si trasforma in qualcos'altro rispetto alla sua specie. In questo caso le strade del *postumano* potrebbero essere due: il progressivo affermarsi del ciborg (essere umano con caratteristiche oltre l'umano) e l'evoluzione del robot (macchina organizzata a tal punto da superare in capacità fisiche e intellettuali gli esseri umani).

*La prospettiva è cupa in entrambi i casi. Non c'è via di scampo?*

Gli esseri umani hanno ottime risorse intellettuali, credo quindi che sarebbero perfettamente in grado di reagire di fronte alla prospettiva di una mutazione in negativo o della propria specie, o del robot. I transumanisti invece temono che i robot un giorno prendano il sopravvento. E, per contrastare la tendenza, ritengono che sia necessario usare la scienza e la tecnologia per mutarsi progressivamente in una specie più resistente, in ciborg. Anche Kevin Warwick è di quest'avviso, ma, paradossalmente, nel suo laboratorio si sperimentano proprio quei robot che sarebbero destinati a sorpassarci!

*Il miglioramento dell'essere umano di per sé non è positivo?*

I transumanisti e gli scienziati come Warwick sono convinti che la fusione tra uomo e macchina, essendo sviluppata in direzione del miglioramento della specie umana, porti automaticamente alla felicità. Ma non è detto che sia così. Non abbiamo alcun elemento di previsione per stabilirlo, né in positivo, né in negativo.

*Nell'era dei robot e dei ciborg il concetto di umanità muterà radicalmente?*

Anche in questo caso le strade sono aperte. Se partiamo dall'idea che gli esseri umani esteriorizzano le proprie capacità riproducendole nelle macchine (metafora dello specchio), possiamo ben dire che il concetto di umanità si definisce storicamente in base al livello di elaborazione raggiunto nella progettazione delle macchine. Quelle automatizzate riflettevano un determinato concetto di umanità, che è mutato quando ne sono state prodotte di più elaborate. Oggi, il concetto sta mutando ancora di fronte alle macchine bioispirate (cioè ispirate agli organismi viventi) che un giorno potrebbero diventare "vive" e "intelligenti", come dicono i robotici che se ne stanno occupando. In fin dei conti la ridefinizione di se stessi è una peculiarità umana. E poiché ci siamo ridefiniti tante di quelle volte, possiamo continuare a farlo a oltranza, senza smettere per questo di essere umani. Potrebbe però accadere che, superata una certa soglia, si arrivi a una definizione non del tutto propria dell'essere umano.

*E in tal caso cosa potrebbe accadere entro breve?*

Credo che coesisteranno esseri umani potenziati o migliorati (i ciborg) ed esseri umani che, per scelta o per obbligo, non lo sono. Per le evidenti caratteristiche d'inferiorità questi ultimi potrebbero essere esclusi dal consesso umano. Ecco, parafrasando Kevin Warwick, possiamo dire che i normodotati potrebbero un giorno essere trattati alla stessa stregua delle mucche di oggi, allevate nelle stalle per fornirci latte e carne a nostro piacimento.

*Che prospettiva spaventosa!*

Sì, è spaventosa, ma è realistica. È evidente, infatti, che il *digital divide* in questo caso crei non soltanto problemi a livello di società, ma imponga anche una ridefinizione asimmetrica del concetto di umanità. Non a caso nei paesi poveri le popolazioni sono convinte che il collegamento a Internet migliori notevolmente la loro esistenza. Nell'ambito di un progetto umanitario mi è capitato per esempio di tenere un corso sulla società dell'informazione: un gruppo di africani credeva che bastasse il computer, con l'accesso a Internet, a migliorare la situazione complessiva dei loro paesi. Non è assolutamente vero, ma essendo prive di tecnologia, quelle popolazioni si sentono realmente tagliate fuori dal resto dell'umanità! D'altronde, anche loro, come noi, vivono nell'illusione che l'accesso alla tecnologia porti alla felicità.

*Vuol dire che i poveri saranno un giorno considerati come animali non umani?*

Ma è evidente! Quando la tecnologia sarà comunemente impiantata nel corpo umano il problema della ridefinizione del concetto di umanità interesserà anche le società industrializzate, e non solo i paesi poveri. Già oggi, per esempio, solo chi ha i soldi può contare su un'assistenza sanitaria efficiente, che non abbia tempi lunghissimi. Nella stessa misura, un domani soltanto le persone benestanti potranno permettersi gli impianti. A quel punto, anche la sanità pubblica dovrà necessariamente concentrarsi sugli umani potenziati, che avranno bisogno di cure particolari e di essere seguiti individualmente in strutture sanitarie ben organizzate. Ci vorranno tanti soldi, che saranno inevitabilmente sottratti ai servizi di base destinati agli umani non potenziati. E così, in definitiva, chi non avrà denaro resterà escluso dalle cure. In prospettiva, vedo un'asimmetria accentuata tra "esseri superiori" (ciborg o umani che usano la tecnologia robotica) e "esseri inferiori" (umani normodotati privi di tecnologia).

*Che fare per evitare che una prospettiva così agghiacciante si avveri?*

Dovremmo prima di tutto interrogarci sul tipo di società che stiamo costruendo. Che cosa significa, per esempio, permettere che una parte dell'umanità abbia possibilità così limitate rispetto a un'altra? E poi dovremmo decidere quale direzione prendere, servendoci anche dei pronostici. Perché, anche se il futuro è imprevedibile, oggi il cammino intrapreso dall'umanità ci permette per fortuna di fare previsioni sufficientemente realistiche, sia a breve sia a medio termine.

## NOTE

[1] Del feticismo moderno si è occupato nella seconda metà dell''800 il filosofo tedesco Karl Marx nella sua teoria della merce esposta nel libro I de *Il capitale* (1867). Marx, in estrema sintesi, afferma che la forma della merce ha un valore simbolico in sé, poiché noi proiettiamo in essa i nostri desideri e le nostre aspirazioni, come in uno specchio:

... nel fenomeno della vista si ha realmente la proiezione di luce da una cosa, l'oggetto esterno, su un'altra cosa, l'occhio: è un rapporto fisico fra cose fisiche. Invece la forma di merce e il rapporto di valore dei prodotti di lavoro nel quale essa si presenta non ha assolutamente nulla a che fare con la loro natura fisica e con le relazioni fra cosa e cosa che ne derivano. Quel che qui assume per gli uomini la forma fantasmagorica di un rapporto fra cose è soltanto il rapporto sociale determinato fra gli uomini stessi. Quindi, per trovare un'analogia, dobbiamo involarci nella regione nebulosa del mondo religioso. Quivi, i prodotti del cervello umano paiono figure indipendenti, dotate di vita propria, che stanno in rapporto fra loro e in rapporto con gli uomini. Così, nel mondo delle merci, fanno i prodotti della mano umana. Questo io chiamo il feticismo che s'appiccica ai prodotti del lavoro appena vengono prodotti come merci, e che quindi è inseparabile dalla produzione delle merci.

(*Das Kapital - Kritik der politischen Oekonomie* (1867-1883) tr. it. "*Il capitale. Critica dell'economia politica*", Editori Riuniti, Roma, 1964, Libro I, cap. 1, pg. 67).

[2] Il robotico giapponese Masahiro Mori (1927) studia da molti anni l'interazione tra robot e esseri umani nonché le questioni religiose inerenti alla robotica. Nel 1970 pubblica l'articolo *Bukimi no tani* (sulla rivista *Energy*, 7, 33–35, in giapponese), in cui espone l'ipotesi dell'*Uncanny Valley*. Nel 1974 scrive il libro *The Buddha in the Robot: a Robot Engineer's Thoughts on Science and Religion*, pubblicato in lingua inglese nel 1981 da *Kosei* (Tokyo) e ristampato più volte. Adesso Mori è presidente del *Mukta Research Institute* (Tokyo, Giappone), da lui fondato, dove si offre consulenza ad aziende e centri di ricerca che progettano robot.

[3] Ci riferiamo qui alla definizione data dal filosofo Nicola Abbagnano nel suo "Dizionario di filosofia". Il termine, si legge alla voce *Empatia*:

fu diffuso specialmente da Theodor Lipps (filosofo e psicologo tedesco, 1851 – 1914, ndr) che l'adoperò per chiarire la natura dell'esperienza estetica (Aesthetic, 2 voll., 1903; 2ª ediz.1914). Questa esperienza, come pure la conoscenza degli altri io, avverrebbe, secondo Lipps, attraverso un atto di imitazione e di proiezione. La riproduzione, dovuta all'istinto di imitazione, delle manifestazioni corporee altrui, riprodurrebbe in noi stessi le emozioni che con esse solitamente si accompagnano, ponendoci così nello stato emotivo della persona cui quelle manifestazioni appartengono. Appunto tale proiezione, in un altro essere, di uno stato emotivo, richiamato in noi dalla riproduzione imitativa dell'espressione corporea altrui (per es., del quadro somatico della paura o dell'odio, ecc.), sarebbe il modo della comunicazione delle persone.

# L'etica al tempo dei robot

## Conversando con Giuseppe O. Longo

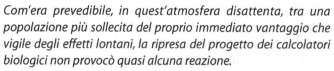

> Com'era prevedibile, in quest'atmosfera disattenta, tra una popolazione più sollecita del proprio immediato vantaggio che vigile degli effetti lontani, la ripresa del progetto dei calcolatori biologici non provocò quasi alcuna reazione.
>
> Giuseppe O. Longo, *Il calcolatore biologico*

Questo capitolo nasce da una conversazione con Giuseppe O. Longo, una delle figure più complete nel panorama degli esperti di robotica: ingegnere elettronico, matematico, esperto d'Intelligenza Artificiale, saggista, romanziere, professore di teoria dell'informazione all'Università di Trieste. Longo ci parla dei robot: che cosa implica la loro somiglianza con noi e la condivisione con lo stesso nostro ambiente; che cosa siamo disposti a concedere loro; perché dovrebbero avere dei diritti, che ruolo ha l'etica, quale l'estetica e perché ci fanno paura. Ci chiarisce anche che funzione hanno nel contesto dei robot l'amore, la guerra e gli esperimenti sui "robot bambini". E ci parla dei neuroni specchio, del loro ruolo importante nel farci riconoscere il robot come una figura amica. È una visione, quella di Longo, lucida e disincantata per il rigore che la contraddistingue, ma è anche profondamente etica, perché riguarda non solo l'oggi, ma il futuro che lasceremo in eredità a tutti coloro che abiteranno questo mondo dopo di noi.

*Professore, l'interazione tra l'uomo e i robot dotati di un certo livello di autonomia crea fin troppi problemi. Ma se la faccenda è così complessa perché costruiamo questo genere di macchine? Ne abbiamo davvero bisogno?*

Intanto va detto che un robot deve sempre avere un certo grado di autonomia, altrimenti sarebbe una macchina tradizionale. C'è poi da dire che il concetto di bisogno è elastico, vago e indeterminato. In realtà non si ha bisogno di quasi nulla. Quindi l'idea che i robot autonomi siano necessari è discutibile. Certo l'autonomia è utile o necessaria quando sia difficile o addirittura impossibile controllare il robot da lontano. In questo caso è chiaro che il bisogno di autonomia deriva dal fatto che ci siamo imbarcati in una certa impresa. Una qualche autonomia serve per esempio quando il robot esplora un territorio per il quale non sia facile, o sia addirittura impossibile, stabilire una comunicazione continua con l'uomo (si pensi al fondo marino o al suolo di un pianeta lontano). In questo caso, poiché non si possono correggere da lontano gli eventuali errori della macchina, né si possono risolvere i problemi o le difficoltà che essa incontra sul suo cammino, dotarla della capacità di prendere decisioni è utile.

*Bisognerebbe valutare, di volta in volta, i problemi economici, etici e legali che l'autonomia di un robot comporta.*

Il robot è una macchina molto particolare, che presenta molti aspetti e che perciò si trova nel punto d'intersezione di molti interessi. Il robot presenta aspetti scientifici, tecnologici, economici, sociali, etici, estetici e così via. Quindi una volta che decidiamo di dotare il robot di un certo grado di autonomia è chiaro che tutti questi problemi, già così intrecciati tra di loro, si complicano. Per fare un esempio semplicissimo, consideriamo una persona che si trovi in una situazione di pericolo e debba essere salvata. È abbastanza evidente che se a questa persona si presenta un robot in grado di prendere decisioni, il rapporto che essa instaura con questa macchina sarà diverso dal rapporto che avrebbe con un veicolo normale, sul quale possa semplicemente salire per poi guidarlo verso la salvezza. Tra la persona e il robot potrebbe stabilirsi una certa collaborazione in vista della riuscita, e magari certe decisioni del robot saranno in contrasto con le decisioni della persona, per esempio perché il robot elabora una strategia più informata. L'insieme dei rapporti tra noi e il robot autonomo è senza dubbio molto più complesso che non l'insieme dei rapporti tra noi e le macchine tradizionali.

*Queste macchine possono avere caratteristiche molto differenti l'una dall'altra. Ma, in definitiva, che cos'è un robot?*

La definizione di un certo oggetto o di una certa entità, sia nel campo naturale sia nel campo artificiale, non è mai una definizione precisa e definitiva, soprattutto se l'oggetto è complesso. Non può che essere storica, dunque mutevole nel tempo. Per esempio tra la fine dell'800 e i primi del '900 il fisico Ernest Rutherford diede dell'elettrone una certa definizione. In seguito il fisico Niels Bohr ne diede un'altra, e poi altri fisici ne diedero altre ancora. Sono tutte definizioni diverse l'una dall'altra. È chiaro che l'oggetto elettrone "in sé" rimane sempre lo stesso, ma l'oggetto elettrone "per noi" è cambiato nel tempo. Il significato della parola "elettrone" è cambiato, mentre il significante (che peraltro non possiamo conoscere del tutto) è sempre lo stesso. Quindi possiamo dire che la definizione si modifica di volta in volta grazie alle scoperte che facciamo. E così è per il robot.

*Ma nel campo dell'artificiale non facciamo scoperte.*

No, ma i dispositivi che costruiamo sono da una parte molto complessi e dall'altra presentano una rapida evoluzione. La definizione di automobile dei primi anni del Novecento è diversa dalla definizione di automobile del 2010. Usiamo la stessa parola per indicare macchine o dispositivi diversi. Inoltre è difficile dare definizioni precise anche dei manufatti, se sono abbastanza complessi. E poi su certe definizioni non c'è un consenso generale, specie quando l'oggetto è in rapida evoluzione. Su una macchina semplice e di uso comune, come per esempio la leva, è chiaro che c'è un consenso generale. Un robot invece è qualcosa di complesso e in rapida evoluzione, come d'altronde lo sono anche l'automobile e l'aereo.

*Dopo aver criticato il concetto di definizione, una definizione, sia pur provvisoria e approssimativa, bisogna darla!*

Giusto. Possiamo allora dire che il robot è una macchina costituita da un corpo artificiale, dotato di organi di senso e di organi di azione, in cui sia impiantata un'intelligenza artificiale. Gli organi di senso del corpo ricevono informazioni dall'ambiente (interno ed esterno) e li inviano all'intelligenza artificiale, che elabora questi segnali e trasmette comandi che azionano gli organi effettori (per esempio mani e gambe artificiali). Però in questa definizione potrebbero rientrare moltissime macchine, anche il termostato. Ciò che contraddistingue il robot è che esso ha una certa capacità di decisione: le sue azioni non sono sempre obbligate, a

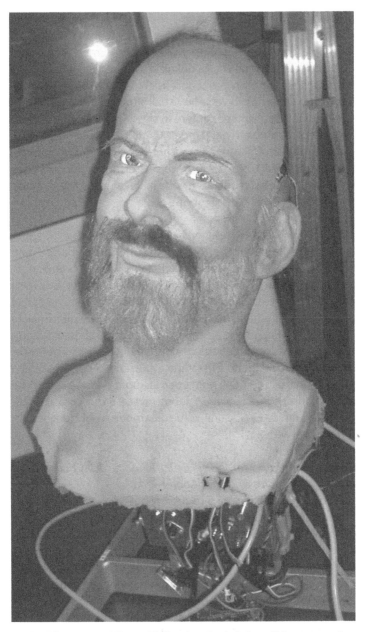

*Il volto dello scrittore Philip K. Dick riprodotto in modo incredibilmente verosimile da David Hanson. Per gentile concessione della Hanson Robotics Inc.*

volte può compiere una scelta tra alcune strade possibili. È come se il robot fosse dotato di un embrione di libero arbitrio e, in base alle situazioni contingenti, fosse quindi in grado di determinare lui stesso l'azione da intraprendere. Possiamo dire che ha un minimo di libertà. Ma, per tornare al problema della definizione, è chiaro che in futuro, se avremo costruito robot dotati di una grandissima autonomia, potremo dire: "*Questi* sono i robot, non quelle macchine stupide che facevano il montaggio delle automobili in fabbrica, negli anni '80 e '90 e neppure quelle macchine semistupide che andavano a disinnescare le bombe o che sparavano ai soldati e non ai civili". In buona sostanza, è l'evoluzione del manufatto, in questo caso del robot, che consente di dare, o costringe a dare, una definizione dinamica, *in fieri*, del manufatto stesso.

*Allora i robot controllati dalla mano umana, come quelli impiegati nelle operazioni chirurgiche, non sono veri e propri robot.*

Quando c'è il controllo della mano umana si tratta in sostanza di protesi di trasduzione, non di robot. Il trasduttore è un dispositivo che trasforma i segnali dinamici di un certo tipo in segnali dinamici di un altro tipo. Per esempio, la macchina che trasforma la pressione in un segnale elettrico è un trasduttore e non fa altro che copiare in uno spazio di arrivo un andamento dinamico proveniente da uno spazio di partenza. Se ho un robot-chirurgo, io chirurgo in carne e ossa muovo la mia mano e il robot amplifica o riduce i movimenti della mia mano in maniera micrometrica, ma senza sgarrare da quello che io faccio. Quel robot è un trasduttore. Ma in questo settore i progressi sono continui e non ne so abbastanza per avventurarmici.

*In caso di errori, l'impiego dei trasduttori comporta problemi etici o legali?*

Direi di no, perché la responsabilità etica o legale ricade direttamente sull'operatore umano, che controlla la macchina. A meno che il trasduttore non sia impreciso o tarato male, o guasto, nel qual caso la responsabilità potrebbe ricadere, in tutto o in parte, sul costruttore, sul collaudatore o sull'addetto alla manutenzione. Nel caso di un robot-chirurgo la questione si complica per le possibili conseguenze degli errori. Se si guasta il contachilometri le conseguenze sono meno gravi che se si guasta un robot-chirur-

go. Nel secondo caso bisogna quindi moltiplicare le attenzioni e dosare l'autonomia della macchina in base alle garanzie che ci può dare il suo funzionamento.

*Vale a dire, i robot-chirurgo potrebbero essere pericolosi?*

La ricerca porterà molto probabilmente alla costruzione di robot con una certa autonomia anche in campo chirurgico. A fin di bene, è evidente. Per esempio, di fronte a una situazione imprevista che si palesi durante l'intervento chirurgico, il robot, sulla base di una quantità enorme di dati acquisiti in precedenza e relativi a interventi dello stesso tipo, potrà decidere lui stesso di compiere una certa azione piuttosto che un'altra. Ma in questo caso, la responsabilità di un errore sarebbe della macchina o del costruttore o di chi altri? È una questione su cui si deve discutere già oggi, non domani, quando si presenterà il problema.

*In effetti le applicazioni robotiche aprono questioni delicate, soprattutto sul fronte della responsabilità. Ma l'etica della robotica, la roboetica, è sufficiente a evitare i problemi? Oppure è sussidiaria, visto che i giochi, si sa, li decidono il mercato e i rapporti tra le potenze mondiali?*

L'etica è talmente intrecciata con l'economia, con la finanza e con l'avidità, che non può essere isolata dagli effetti "altri" dell'umano e dalla società in cui si vive. Quindi neppure la "roboetica" può essere considerata come un'entità autonoma rispetto a tutto il resto, se non in linea di principio astratto. Come l'etica umana, nella sua pratica, è stata inquinata e condizionata dall'avidità e dagli interessi, così con ogni probabilità anche la roboetica sarà domani contaminata da interessi di tipo, in ultima analisi, economico. E poi ci sono le sorprese, con cui si deve fare i conti. Chi può dire che i robot quando siano abbastanza autonomi non diventino anche loro aggressivi e vogliano trasgredire le regole della roboetica in base a interessi che non possiamo neppure immaginare? Una volta che siano dotati di un'autonomia abbastanza grande, e ammesso che siano soggetti a una sorta di deriva o di evoluzione, chi può stabilire se la loro evoluzione sia per essere di tipo pacifico?

*Allora, neppure con l'etica si eviterebbe il peggio?*

Il peggio per chi? Per gli uomini? Per i robot? Per il complesso di uomini e robot? Le definizioni andrebbero calibrate e viste nei particolari. Il mercato e il rapporto tra le potenze mondiali sono senza dubbio molto importanti, e sicuramente avranno un'influenza anche sulla roboetica. Noi studiosi lavoriamo in un vuoto pneumatico, facciamo tante belle considerazioni sulla roboetica, sulla filosofia degli automi, eseguiamo esperimenti concettuali di grande finezza, costruiamo mondi immaginari, simuliamo eventi, foggiamo scenari... Poi introduciamo i prodotti delle nostre elucubrazioni nel vasto mondo, che conosciamo poco e male, e spesso, anche se non sempre, l'esito delle nostre scorribande nella realtà è disastroso. Quindi in primo luogo bisogna usare una buona dose di umiltà e rendersi conto che l'incontro tra la complessità delle nostre costruzioni (mentali o concrete) e la complessità del mondo può avere carattere esplosivo. Quasi nulla va secondo le previsioni. Il meglio che possiamo fare è tentare di essere cauti e precisi.

*Forse l'etica ha una scarsa influenza sull'ingiustizia e sugli errori umani perché riguarda soltanto gli aspetti particolari, personali.*
  Ma se adotti un'etica personale non puoi costruire l'etica della società: l'etica personale di ciascuno deve interagire con l'etica personale di tutti gli altri, deve venire a patti con l'etica dell'altro. Solo così il concetto di etica si allarga dall'individuo alla società. Certamente l'etica è personale. Ma siccome noi esseri umani siamo più o meno tutti uguali, perché abbiamo lo stesso tipo di evoluzione, lo stesso tipo di esperienze, lo stesso tipo di fisicità, e via dicendo, allora questo personalismo dell'etica diventa un interpersonalismo, che è quello che ci consente di vivere con gli altri. Siamo in grado di proiettare sugli altri le nostre istanze etiche perché sappiamo che gli altri sono più o meno come noi. Questo passaggio all'etica intersoggettiva consente di mantenere più o meno integra e sana la società. Le leggi in fondo vorrebbero tradurre in prescrizioni quello che è il bisogno di autoconservazione della società e questo bisogno, che è anche un sentimento, è di tipo etico, anzi forse coincide proprio con l'etica.

*Ma non abbiamo già le leggi della robotica?*
  Sì, però stiamo attenti. La roboetica di un tempo coincideva con le leggi di Asimov, e riguardava ciò che i robot dovevano e non dovevano fare nei *nostri* confronti. Oggi la roboetica vuol tener

conto anche di ciò che gli uomini possono e non possono fare *ai robot*: il rapporto è diventato bidirezionale. Insomma ci dovranno essere anche delle norme che codifichino i nostri comportamenti nei loro confronti. In definitiva è come se i robot venissero a far parte del nostro ambiente, addirittura del nostro consorzio, e rappresentassero un'entità ulteriore che complessifica la nostra società.

*Vuol dire che i robot entrano a far parte della società e come tali acquisiscono diritti?*
Esatto. Oggi siamo molto sensibili a entità "altre", che un tempo venivano completamente trascurate. Per esempio, si parla di leggi a protezione degli animali e di leggi a protezione dell'ambiente. Abbiamo ormai acquisito l'idea che l'ambiente sia da una parte un sistema complesso, bilanciato, capace di automedicarsi, purché non lo si strapazzi troppo, e dall'altra sia un'entità da tutelare e difendere con le leggi dalle aggressioni (soprattutto dell'uomo). Ebbene, in questo stesso ambiente, di cui facciamo parte noi, gli animali, le piante, i grandi sistemi ecologici e via dicendo, adesso stanno entrando anche i robot, e bisogna tener conto anche di loro.

*Anche noi donne abbiamo dovuto lottare per i nostri diritti, conquistati a poco a poco soltanto a partire dal '700.*
Ma è ovvio. Una volta la società era fatta dagli uomini e per gli uomini, e la donna era un'appendice necessaria, ma trascurabile. Ma nel momento in cui ci si rende conto che anche "l'altro", in questo caso la donna, ha una dignità, è persona, cioè diventa un soggetto etico, allora si deve tenerne conto quando si elaborano le regole della convivenza. È un passo importante nell'evoluzione dell'etica, che, dalla preistoria a oggi, può essere caratterizzata da un ampliamento continuo dei soggetti etici. Non è che manchino i problemi, le regressioni e le disuguaglianze tra le diverse civiltà e i diversi paesi, ma insomma direi che la tendenza è abbastanza delineata.

*L'"altro" spesso fa paura per la sua diversità, e così anche i robot. Tanto che il timore che le macchine prendano il sopravvento sugli umani è ancora attuale.*
La mia impressione è che la paura che noi abbiamo delle macchine sia quasi sempre un fatto spettacolare, cioè confinato negli

*RoboThespian™, il robot-attore della Engineered Arts Limited (Gran Bretagna). In mostra a Futuro Remoto 2009 (Napoli). Foto di Saraclaudia Barone*

ambiti della fantascienza, nei romanzi, e soprattutto nei film. Da una parte, dunque, la paura c'è, tra l'inconscio e il conscio, altrimenti non affiorerebbe nella fantascienza. Dall'altra però è evidente che la realtà sociale viene un po' alleggerita dalla paura, che trova una valvola di sfogo proprio lì, nella fantascienza. La paura della macchina confluisce quindi nell'opera letteraria o filmica, più che nella realtà.

*Però nell'immaginario la paura del robot c'è.*

Sì. E sappiamo che l'immaginario segna fortemente il reale, ma non possiamo prevedere gli esiti possibili di questa paura. Tanto più che la nostra società ha preso talmente dimestichezza con la scienza e con la tecnologia da non considerarne più gli aspetti negativi, se non in ambiti circoscritti (certi settori delle biotecnologie e della genetica, l'energia atomica, forse l'inquinamento). Per via della dimestichezza e della disinvoltura nei confronti della scienza e della tecnologia, la società oggi esorcizza o rimuove queste paure, nascondendole sotto l'ottimismo e la fiducia e riversandole però nell'immaginario, nei film. La rimozione, come si sa, esercita un'influenza tanto più forte in quanto è inconsapevole. Da sotto gli strati di razionalità trionfante, tuttavia, la paura esala i suoi vapori velenosi che spesso si cristallizzano in ansia, angoscia e instabilità psichica.

*A proposito di ansia, i robot umanoidi o di forma animale spesso sono inquietanti...*

Il nostro rapporto con l'altro è sempre mediato dall'aspetto fisico. E non è vero, come spesso si è portati a credere, che si debba guardare la sostanza e non l'apparenza, perché la sostanza non esiste se non frammentata in una schiera intrecciata di tante apparenze sensoriali: visive, olfattive, uditive, tattili. Quindi il fatto che il robot abbia un aspetto antropomorfo è fondamentale, proprio perché noi siamo abituati a trattare gli esseri umani in prima battuta in base al loro aspetto. È chiaro che trattando con un essere umano noi apprezziamo via via certe caratteristiche che non sono contenute nell'aspetto fisico: la bontà, la sensibilità o all'opposto la malvagità, la freddezza. Però il primo contatto è sempre mediato dall'aspetto fisico. È questo il punto. Noi filtriamo tutto attraverso l'apparenza. Per esempio quando parliamo con una persona la guardiamo negli occhi, o per lo meno in viso, ed è importante avere un contatto comunicativo di questo tipo. Un robot umanoide è percepito molto diverso da un robot a forma di scatolone. Un robot molto intelligente e abile che però abbia l'aspetto di un frigorifero ci impressiona meno di un robot, magari molto più stupido, che abbia l'aspetto di un essere umano.

*Per quale ragione l'aspetto del robot ci condizionerebbe?*

Perché noi proiettiamo sempre le nostre facoltà (cognitive, affettive e via dicendo), nell'interlocutore che ci somigli, sia pure un robot. Vale a dire che noi siamo disposti a concedere un'anima, un'intelligenza, uno spirito e una coscienza a ciò che ci assomiglia, e in particolare agli altri esseri umani. D'altronde se parliamo con le persone è perché immaginiamo che dentro di loro ci sia qualcosa di simile a noi. Ma di fronte a un frigorifero la mia proiezione, affettiva, cognitiva e via dicendo, è molto scarsa. Il mio canale dell'empatia si apre più facilmente di fronte a un manichino stupidissimo ma bellissimo che di fronte a un robot intelligente a forma di plinto.

*Quindi è per non concedere un'identità umana ai robot che in Occidente, in particolare in Europa, si evita la costruzione di robot antropomorfi.*

Penso che ci sia una sorta di rispetto e di ritegno nei confronti della figura umana, che nella nostra tradizione occidentale è associata inevitabilmente alla figura di Dio. Quando nella *Genesi* si dice che l'uomo è stato "fatto a immagine e somiglianza di Dio", l'aspetto dell'uomo acquista valenze divine e di conseguenza anche i caratteri di intangibilità e di sacralità. Perciò costruire il Golem, costruire l'artefatto antropomorfo, è sempre una sfida alle potenze superiori, a Dio. C'è questa sorta di esitazione nei confronti dei robot umanoidi perché ci turbano, evocando una sorta di divieto ancestrale. È come se noi volessimo diventare Dio e creare una cosa a nostra immagine e somiglianza sapendo però di essere stati a nostra volta creati da Dio a sua immagine. Anche i non credenti sono influenzati culturalmente da questa visione profonda dell'Occidente. In ultima analisi, alla base di tutto ciò che facciamo, anche in campo scientifico, c'è sempre l'inconscio collettivo. E questa eredità pesa.

*È una sorta di tabù?*

Ecco, forse la parola "tabù" esprime ciò che tento di dire.

*Tuttavia negli Stati Uniti i robot umanoidi stanno entrando nel mercato. Per esempio, David Hanson produce macchine che somigliano in tutto e per tutto agli esseri umani. Sembrano bambole più che robot!*

Ecco. Hai individuato la differenza tra l'essenza interiore e l'aspetto esteriore del robot. Se progetto un robot che deve fare determinate cose, che bisogno ho di dargli l'aspetto dello scrittore Philip Dick, come ha fatto David Hanson? È un oggetto che senti come una bambola, come un feticcio, mi verrebbe da dire come il vitello d'oro.

*In Canada pubblicizzano un umanoide dalle sembianze di una preadolescente (si chiama Aiko) per l'esecuzione di certi compiti, che vanno dalla compagnia, all'assistenza in casa, al controllo dei passeggeri in aeroporto. Ho l'impressione che di proposte commerciali di questo tipo ne vedremo sempre più spesso.*

È plausibile. L'acquirente spesso è abbagliato dall'apparenza e dal luccichio della merce e in questi casi i venditori abili trovano un mercato facile. Ma non senza conseguenze. Il turbamento che suscita un umanoide non può essere evitato. Nasce infatti sempre un dissidio tra la consapevolezza che si tratta di una macchina, o per lo meno che non si tratta di un essere umano, e l'inganno dei sensi di fronte a un oggetto che sembra umano. È un po' come nelle illusioni ottiche. Tu vedi il bastone spezzato nell'acqua, con la mente sai che non può essere spezzato, ma il tuo occhio lo vede spezzato. Da una parte c'è quanto ti dice la mente, dall'altra quanto ti dicono i sensi, ma la vera conoscenza da dove deriva? Non di certo solo dalla mente, altrimenti escluderemmo dalla scienza il metodo induttivo, la sperimentazione e via dicendo.

*Nel turbamento scatenato da questo dissidio ha qualche voce in capitolo il nostro sistema di neuroni specchio?*

Senza dubbio. I neuroni specchio costituiscono la base fisiologica della comunicazione con l'altro, che avviene sempre attraverso una sorta di anticipazione di quello che l'altro potrebbe dire o fare. Quindi c'è un rispecchiamento continuo tra quello che io dico e faccio e ciò che l'altro dice o fa. Investo il robot antropomorfo che ho davanti di una proiezione cognitiva, affettiva, e via dicendo, e agisco *come se* il robot avesse i suoi neuroni specchio che stanno per fare quello che io sto per dire. Il gioco me lo creo io, e quindi, pur non essendoci oggettivamente i neuroni specchio nel robot, è come se i miei riuscissero a surrogare quelli assenti in lui. D'altronde l'empatia è il mettersi nei panni dell'altro: l'altro è come me, io mi specchio in lui e lui si specchia in me. Quindi so benissimo che è una macchina e che non ha i neuroni specchio, ma sono portato inevitabilmente a comportarmi come se li avesse e quindi comunico con lui come comunico con un altro essere umano. Del resto, non è ciò che facciamo sempre con i bambini piccoli, con i cani, con i gatti e alcuni anche con le piante? Parliamo con noi stessi, ma ci rivolgiamo all'altro.

*Comunicando troppo a lungo con i robot, scendendo come dire al loro livello, non rischiamo pian piano di perdere un po' della nostra complessità?*

In effetti il problema si pone. Da una parte abbiamo le macchine, i cui comportamenti comunicativi sono uniformi e piuttosto semplici, dall'altra abbiamo esseri umani che, al di là delle differenze individuali, sono in genere molto flessibili e posseggono una grande e complessa capacità di comunicazione. Va da sé che nel rapporto uomo macchina quasi sempre è l'uomo che si adatta (si abbassa) spontaneamente al comportamento della macchina. Pertanto è vero che gli esseri umani tendono a uniformarsi alla macchina. Il rischio di uniformità, di risposte sempre uguali, standardizzate, il rischio di perdere sfumature e complessità esiste senz'altro. Tutto sta a vedere se, dopo aver semplificato la nostra comunicazione interagendo con una macchina, siamo capaci di riacquistare la complessità e le sfumature della comunicazione quando torniamo a comunicare con gli umani. Ma se la comunicazione, come sembra, si svolge sempre più tra uomo e macchina, è necessario adeguarsi: chi non si adegua viene tagliato fuori.

*Chi non è in grado, non può, o non vuole adeguarsi alla macchina potrebbe quindi restare indietro nella società. Per esempio, un bambino con comportamenti poco "meccanizzabili" capirebbe ben poco di quanto dice un robot-insegnante!*

Affidare alle macchine i compiti che tradizionalmente sono affidati agli umani, come per esempio l'insegnamento, presenta da una parte alcuni vantaggi. La macchina, non si stanca, non si annoia se le fai sempre le stesse domande, non si arrabbia. D'altra parte le manca quella flessibilità tipicamente umana, quella capacità di immedesimarsi, dovuta per l'appunto ai neuroni specchio, che gli umani possiedono e che le macchine non hanno ancora. Senza dimenticare inoltre che il problema della sostituzione dell'uomo con la macchina ha molte implicazioni, che riguardano non solo l'efficienza: vi sono risvolti economici, sociali, etici, legali e via dicendo. Nella complessità di questo intreccio di fattori, è difficile valutare a priori il rapporto tra i pro e i contro e quindi non sempre la sostituzione della macchina al posto dell'uomo porta vantaggi. E poi bisogna sempre precisare chi ricava gli eventuali vantaggi.

*E se costruissimo robot con un sistema di neuroni specchio?*

Non so quanto sia utile o necessario inserire nei robot un sistema di neuroni specchio, perché è l'essere umano che completa il ciclo comunicativo-proiettivo. La mia prima impressione è che noi agiamo nei confronti delle macchine abbastanza complesse "come se" possedessero un sistema di neuroni specchio. Tuttavia, se le macchine avessero strutture analoghe o paragonabili ai neuroni specchio, probabilmente il nostro atteggiamento nei loro confronti sarebbe ancora più simile all'atteggiamento che adottiamo nei confronti degli esseri umani. A un essere umano concediamo sempre molte cose, per esempio che abbia sentimenti, coscienza, capacità cognitive, che usi il linguaggio in modo appropriato, e via dicendo: insomma lo equipariamo a noi. Nei confronti delle macchine l'attribuzione di queste caratteristiche è molto più limitata, anche se non è assente. L'attribuzione è massima, come ho già accennato, quando la macchina, per esempio il robot, ha un aspetto umanoide e un comportamento, per esempio comunicativo, che ricorda quello degli esseri umani. Allora, sulla base di un aspetto antropomorfo o di un solo tratto comportamentale umanoide, compiamo un'estrapolazione, cioè umanizziamo la macchina anche rispetto ad altri tratti che essa oggettivamente non possiede.

*Cosa ci suggerisce in questo caso il sistema dei neuroni specchio?*

In definitiva il sistema dei neuroni specchio ci conferma quanto in fondo sapevamo già (basta vedere le considerazioni di Gregory Bateson sul processo comunicativo), cioè che il nostro comportamento – cognitivo, linguistico, affettivo, e così di seguito – non è racchiuso in noi, ma esce da noi per circolare nel contesto ambientale nel quale ci sono anche gli altri individui e infine tornare in noi modificato dall'interazione con gli altri. E aggiungo che è la comunicazione a fare l'essere umano. Dopo tutto, l'io è costruito da una circolazione di messaggi tra l'io e l'altro, sulla base di un'interazione che ha inizio subito, fin dal primo istante di vita. Se non c'è l'*altro*, l'*io* non si costituisce, così come noi lo conosciamo. Si trasforma in una monade leibniziana, diventa un'entità autistica e auto-referenziale. Mentre gli esseri umani, come li conosciamo, si sono formati, sia da un punto di vista individuale, sia dal punto di vista di specie, nell'interazione con l'altro. Insomma l'io è un io "sociale". Di tutto ciò dobbiamo tener conto anche quando costruiamo i robot.

*Quindi interagendo con i robot umanoidi in definitiva non mettiamo a rischio l'integrità di quella nostra parte immateriale che potremmo chiamare anima.*

Fino a un certo punto, perché quando siamo di fronte a un robot, sia pure molto raffinato, capace di avere delle reazioni che noi interpretiamo come reazioni di tipo umano, abbiamo comunque la consapevolezza che si tratta di una macchina. È un pochino come quando hai a che fare con uno straniero. Se parla la tua lingua in modo rudimentale, la tentazione fortissima che hai è quella di parlare anche tu in modo rudimentale. In altre parole abbassi il livello della comunicazione fino al punto in cui ritieni di agevolare la comunicazione con lo straniero. Ciò potrebbe comportare una rinuncia alla complessità variegata delle tue interazioni linguistiche, cognitive e comportamentali, per adattarti al livello di chi ti sta di fronte: lo straniero oppure il robot. Voglio proporre un'analogia, sia pur parziale, che può aiutare a comprendere qualcosa delle interazioni tra enti aventi livelli di competenza molto diversi. Se giochi a scacchi con un bambino di dieci anni e sei molto bravo, mentre il bambino è un principiante, cerchi di adattare il tuo livello di gioco al suo. Sia perché non avresti alcuna soddisfazione a vincere troppo facilmente, sia per dare un minimo di soddisfazione al bambino, che altrimenti perderebbe senza neppure sapere perché e smetterebbe presto di giocare.

*A proposito d'interazione tra agenti di livello differente, il ricercatore inglese David Levy sostiene che in futuro potremmo avere rapporti sentimentali e sessuali con i robot antropomorfi. È un'idea da prendere in considerazione?*

Credo che sia solo una provocazione, anche se si presta a considerazioni interessanti. Il robot non sarebbe altro che un'evoluzione dei classici vibratori per signore o delle bambole per signori o di altri oggetti surrogati del corpo umano (o di parti del corpo umano) presenti sul mercato. Non ti puoi aspettare da una macchina in grado di offrirti delle prestazioni sessuali la stessa ampiezza di relazioni che avresti con un essere umano. In fondo il sesso è un grande canale di comunicazione, quindi possiamo ripetere per il sesso tutto ciò che abbiamo detto per la comunicazione. E poi c'è sempre la consapevolezza di avere tra le mani una macchina, e quindi un qualcosa di estremamente limitato dal punto di vista affettivo. Insomma si privilegerebbe l'efficienza parziale rispetto alla globalità comunicativa.

*Per alcuni potrebbe essere vantaggioso avere una relazione con una macchina piuttosto che con un amante troppo esigente.*

Certo: è l'aspetto strumentale ed efficientistico. È evidente che la macchina non verrà mai a dirti "mi sono innamorato di te, ti voglio sposare, voglio dei figli da te, devi lasciare la tua famiglia" e cose del genere. È un po' come nella prostituzione, che non per nulla è una forma di interazione sociale molto diffusa perché non crea problemi, almeno da quel punto di vista. Il cliente richiede una prestazione sessuale, la paga, e con questo si ritiene in diritto di ignorare di essere davanti a un essere umano. Considerando l'altro un oggetto di piacere, limita l'interazione a un solo aspetto, svilendola. In un rapporto mercenario si limita enormemente il rapporto umano, riducendolo a qualche cosa di molto specifico. Non nego che ad alcuni, anzi a molti, ciò faccia molto comodo. E fa comodo anche alla società, che bene o male incanala le insopprimibili pulsioni sessuali in un alveo più o meno controllato. Ma qui il discorso si farebbe troppo complesso e spinoso.

*Albert HUBO con David Hanson. La testa l'ha realizzata lui, il corpo (HUBO) è stato sviluppato dal KAIST, Korean Advanced Institute of Science and Technology, Repubblica di Corea. Per gentile concessione della Hanson Robotics Inc.*

*Tutto sommato, questi robot potrebbero servire per ridimensionare il fenomeno della prostituzione.*

In qualche modo, sì. Perché è ovvio che chiedere a un essere umano una prestazione sessuale a pagamento significa comunque instaurare anche un rapporto umano, sia pur minimo. Nel caso del robot il rapporto sarebbe invece soltanto di tipo sessuale. Ma attenzione, ogni tentativo di riduzione della complessità a un aspetto monofunzionale crea problemi. Nel caso del robot umanoide, la proiezione affettiva di cui ho parlato prima potrebbe giocare qualche brutto scherzo al cliente: così come ci sono uomini che, al di là di ogni loro intenzione riduzionistica, s'innamorano di una prostituta, così un domani si potrebbero innamorare di un robot.

*Dall'amore surrogato alla guerra. Il robotico statunitense Ronald Arkin dice che sul campo di battaglia i robot potrebbero essere più umani dei soldati, non sbaglierebbero e non farebbero cose aberranti. L'idea è stravagante, ma visto che abolire la guerra pare che sia impossibile...*

In effetti la spinta verso la guerra, come quella verso il sesso, sembra essere una caratteristica inestirpabile della specie umana, che è nata e si è evoluta nel segno della violenza. Leggende come quella di Caino e Abele non sono arbitrarie, sono inscritte nella nostra struttura, aggressiva e crudele. Pertanto la guerra è una condizione molto naturale per gli umani e la storia lo insegna. Detto questo, trasferire la guerra dagli esseri umani alle macchine potrebbe essere una buona soluzione: sarebbe una valvola di sfogo abbastanza innocua della violenza e avrebbe conseguenze meno traumatiche. A patto però che la guerra se la facciano i robot, tra di loro, senza causare perdite di vite umane, e poi chi vince vince. La vittoria in questo caso sarebbe frutto di una delega tecnologica ai robot. Ma bisogna vedere se questo tipo di vittoria sarebbe accettata dalla nazione perdente, la quale forse potrebbe tentare per ritorsione di scatenare una guerra tradizionale, combattuta dagli esseri umani. Credo che sia difficile, almeno a breve, mantenere la guerra nell'ambito circoscritto delle macchine belliche. Certo, i robot non si lascerebbero trasportare dall'odio e non si dedicherebbero a pratiche... disumane, come quella della tortura. Perché i robot sono asettici, non provano sentimenti, ammesso che non vengano dotati di sentimenti di odio.

Se poi volessimo costruire il robot affettivo, non sappiamo bene cosa ne verrebbe fuori e può darsi pure che ne scaturirebbe un robot con sentimenti molto umani, dunque capace di fare la guerra come e peggio di noi. Ma qui si entra nella fantascienza.

*I robot sono utilizzati anche per la ricerca nelle scienze cognitive. Gli umanoidi "bambini" iCub e Cb2, programmati per crescere, sono stati costruiti per studiare i processi di apprendimento infantile. Ma com'è possibile che un robot ci aiuti a comprendere la complessità umana?*

Dalla comparsa della nostra specie a oggi, bene o male abbiamo sempre allevato i nostri figli, insegnando loro a vivere in questo mondo, e potremmo continuare a farlo ancora senza il "robot bambino". Ma oggi si vuole oggettivare tutto, razionalizzare tutto. Il discorso che si fa è probabilmente questo: finora abbiamo allevato i figli in modo intuitivo, adesso li educheremo in maniera razionale. Non c'è però alcuna garanzia che questa impostazione dia dei risultati migliori, in qualche senso ragionevole del termine. Tant'è che anche le impostazioni razionali della scuola, o dell'assistenza sociale, molto spesso hanno dato risultati disastrosi. La strada indicata da queste ricerche costituisce un tentativo di razionalizzare il processo educativo fino a renderlo qualche cosa di asettico, misurabile, standardizzato, uguale per tutti. Fatta questa premessa ci sono due considerazioni da fare. Innanzitutto direi che il vantaggio di avere un robot bambino è che su questo robot si possono compiere sperimentazioni non ammissibili su un bambino vero. È come il robot che sostituisce il paziente nelle scuole di medicina: su di esso si possono fare cose che non è lecito fare sugli esseri umani. Si tratta dunque di un banco di prova per certe teorie, che essendo anche in parte sperimentali, possono essere esercitate sui robot *Cb2* e *iCub*, prima di applicarle ai bambini.

*E la seconda considerazione?*

È di carattere più profondo. L'intelligenza artificiale funzionalista, che è un'imitazione astratta e abbastanza discutibile dell'intelligenza umana, ci ha comunque consentito di capire qualche cosa della nostra intelligenza. Se non altro, ci ha fatto capire che esistono delle intelligenze "altre", rispetto alla nostra. E quindi ha tolto all'intelligenza umana quella sorta di monopolio che si era perpetuato dall'antichità fino a oggi. È come quando impari una lingua straniera: ti rendi conto che la tua non è l'unica lingua possibile, e questa consapevolezza ti apre un orizzonte sconfinato. Non solo. Quando ritorni alla tua lingua, per confronto e differenza, capisci quanto sia particolare, interessante, capace o incapace di esprimere. Allo stesso modo, dal confronto tra l'intelligenza artificiale e la nostra abbiamo ricavato qualche indicazione interessante sulla nostra intelligenza, oltre che sull'intelligenza artificiale che abbiamo costruito. Anche se non siamo in grado di

*Il grazioso robot mobile della MetraLabs (Germania) impiegato nei servizi alla persona, in mostra a ICRA 2007, Roma. Foto di Emanuele Micheli*

dominare perfettamente le cose che costruiamo, certamente dal confronto riusciamo a percepire qualcosa. Tutto ciò vale anche nell'ambito della robotica. Quello che noi riusciamo a percepire nei robot-bambino ci può essere utile, per analogia e per differenza, per capire quello che succede nei bambini veri.

*Però, anche se si tratta di macchine in grado di apprendere, la progettazione è umana e contempla quanto è già noto del bambino.*

In realtà quando la complessità dei nostri manufatti supera una certa soglia, il comportamento del manufatto trascende in qualche misura la nostra programmazione, e può riservarci qualche sorpresa. Per esempio il computer e Internet sono una fonte continua di sorprese, anche se li abbiamo costruiti noi. E anche questo "noi" è un po' da definire. È un "noi" che in ultima analisi rimanda a una serie di progettazioni, interazioni, idee e sperimentazioni, e via dicendo, che non si possono ricondurre a un unico soggetto, ben identificabile. Prendiamo un aereo di linea. È stato costruito dagli esseri umani, è evidente. Però agli occhi di un passeggero generico il suo comportamento è assolutamente misterioso. Così è per i ricercatori. Non è detto che sappiano tutto del comportamento dei robot che loro stessi hanno progettato. Per questo fanno esperimenti, simulazioni e cambiano le condizioni al contorno per far accadere qualche cosa e magari accade qualcosa di imprevisto. D'altronde, se non fosse così, neppure la sperimentazione in fisica elementare avrebbe senso. Anche Galileo usava il piano inclinato per farci rotolare sopra una sfera e per vedere che cosa accadeva. Il piano inclinato l'aveva costruito lui, ma non per questo era in grado di prevedere tutto, tant'è che dal comportamento osservato della sfera ricavava una serie di indicazioni, che gli consentivano di formulare una teoria, o un modello, che andava poi verificato. La stessa cosa accade con i robot, naturalmente a un livello di complessità molto più grande.

# Benvenuto in famiglia!

## Con un'intervista a Fiorella Operto e Gianmarco Veruggio

*- Perché piangi Gloria? Robbie era soltanto una macchina, una macchina vecchia e sporca. Non era neppure vivo.*
*- Non era nessuna macchina! Era una persona come me e te. Ed era mio amico. Lo rivoglio. Oh, mamma, io voglio il mio Robbie!*

Isaac Asimov, *Io, robot*

*E non ci sono situazioni non ambigue, le situazioni sono sempre tutte ambigue, problematiche. Dopo il peccato originale la tranquillità non è stata più conosciuta...*

Paolo Rossi, filosofo e storico della scienza

Nella tradizione giudaico-cristiana, che influenza la cultura occidentale laica, il desiderio di costruire macchine che ci somiglino e che svolgano le attività faticose o rischiose al posto nostro, come abbiamo visto, rimanda al tentativo da parte dell'uomo di sostituirsi a Dio, nella sua azione creativa. Potrebbe sembrare un atto di presunzione, se quel sogno non facesse parte della nostra stessa natura. In fondo l'obiettivo è di liberarsi dalla schiavitù del lavoro duro, pericoloso e ripetitivo, delegandolo a un "qualcosa" che abbia le stesse funzioni umane. Già nell'antichità il filosofo greco Aristotele aveva considerato i vantaggi delle copie artificiali dell'uomo, che avrebbero portato beneficio all'umanità, *in primis* con la scomparsa della schiavitù.

Il nocciolo della questione è questo: proprio perché dotati di una certa autonomia i robot non hanno una dimensione sussidiaria. In un certo qual senso sono veri e propri soggetti con cui fare i conti. Il nodo forse è nascosto nel rapporto intimo che c'è tra uomo e tecnologia. E, al riguardo, facendo nostre le idee di José Maria Galván, potremmo addirittura spingerci a dire che la tecnologia, da cui i robot derivano, è uno dei modi in cui l'uomo si distingue dagli animali. Scrive il teologo nel saggio *On technoethics*:

Due esempi illustrano bene questo dato di fatto: il mito di Prometeo, da cui emerge che gli animali sono dotati di strumenti per sopravvivere, ma gli uomini ne sono privi e, avendone la capacità, sono costretti a produrre da soli gli strumenti artificiali di cui hanno bisogno; la *Genesi*, dove Adamo, destinato a occuparsi delle piante del giardino dell'Eden, vi lavorava incessantemente per raccoglierne i frutti e per migliorarlo. In entrambi i casi si sottolinea una *condizione incompiuta dell'umanità* che impone all'uomo di interagire con l'ambiente naturale al fine di produrre tecnologia: *homo technicus.*

Il punto è che oggi le nuove tecnologie si affermano molto velocemente, senza dare tempo all'umanità di riflettere e argomentare intorno alle conseguenze che ne derivano. Si teme allora che la rivoluzione robotica porti, come d'altronde tutte le altre utopie tecnologiche, a una sorta di meccanizzazione della coscienza. Secondo Galvàn il pericolo può essere evitato agendo in due direzioni parallele: costruire le basi di una tecnologia robotica centrata sull'uomo, capace di una vera condivisione universale dei benefici che può portare all'umanità; evitare che queste basi cadano nelle mani di pochi.

Oggi, l'idea che i robot non siano da considerare come semplici macchine comincia a essere condivisa non solo dagli umanisti che studiano le numerose implicazioni etiche, sociali ed epistemologiche della scienza e della tecnologia, ma anche dalla comunità scientifica. E così, l'etica della robotica, o "roboetica", sta diventando progressivamente una parte integrante della ricerca e dello sviluppo in quei paesi che più investono in tecnologie robotiche. Tant'è vero che la società mondiale di robotica, la IEEE *Robotics and Automation Society,* ha fatto propria la *Roboethic Roadmap*[1], una tabella di marcia che pone all'attenzione della comunità scientifica le principali questioni etiche riguardanti la progettazione, la costruzione e l'impiego dei robot. Del resto, anche in Europa si comincia a tener conto delle questioni etiche e sociali. Tant'è che gli umanisti sono sempre più chiamati a lavorare al fianco di ingegneri e scienziati per individuare i problemi nascenti dalle ricadute delle applicazioni robotiche in società, nel tentativo di individuare i problemi e di risolverli, insieme.

A dire il vero, la non pericolosità dei robot già dovrebbe essere garantita dalle tre leggi della robotica elaborate per la prima volta dallo scienziato e scrittore di fantascienza Isaac Asimov in

*Runaround*, un suo racconto del 1942. Vale la pena di ricordarle, queste tre leggi, perché, a eccezione del settore bellico, i progettisti ancora oggi le rispettano:

1. Un robot non può recar danno a un essere umano né può permettere che, a causa di un suo mancato intervento, un essere umano riceva danno.
2. Un robot deve obbedire agli ordini impartiti dagli esseri umani, purché tali ordini non contravvengano alla Prima Legge.
3. Un robot deve proteggere la propria esistenza, purché la sua autodifesa non contrasti con la Prima o con la Seconda Legge.

Il problema è che purtroppo le tre leggi da sole non bastano a garantire un impiego sicuro dei robot, soprattutto perché si riferiscono alle sole macchine e non alla relazione tra essere umano e robot[2]. Oggi, invece, il discorso sulle conseguenze derivanti dall'esistenza dei robot si è spostato dalle macchine alla società (che sempre più è fatta anche di robot) e in particolare si è spostato sull'*interazione* tra i robot e gli umani in un ambiente comune a entrambi. Le questioni principali dibattute da ingegneri, cibernetici, scienziati e umanisti riguardano tutto ciò che avviene, si sviluppa e si trasforma in una società complessa. Ci s'interroga sul doppio uso (buono o cattivo) che si può fare della tecnologia robotica; sull'attribuzione di caratteristiche umane ai robot; sull'umanizzazione della relazione uomo-macchina; sulla dipendenza dalla tecnologia; sull'esclusione sociale dei poveri e di chi non sa usare i mezzi tecnologici dai benefici che la tecnologia può portare; sull'accesso equo alle risorse tecnologiche.

Sono questioni complesse e di difficile trattazione. Riteniamo tuttavia che sia importante coglierne il senso più profondo. Magari, entrando nel cuore dei problemi in compagnia di chi, nella pratica quotidiana, è alla ricerca di soluzioni valide, quantomeno a breve e a medio termine. Per l'occasione abbiamo incontrato due protagonisti tra i più impegnati a livello internazionale sul fronte della roboetica: Fiorella Operto, esperta di robot e società, e Gianmarco Veruggio, robotico, entrambi della Scuola di robotica di Genova. Abbiamo chiesto loro perché c'è l'urgenza di un'etica per i robot; quali sono i rischi concreti e le prospettive future; quali equivoci segnano lo sviluppo di queste macchine e se le ricerche troppo

audaci andrebbero in qualche modo frenate. Ed ecco che, dalla riflessione complessiva, emerge che il robot, in definitiva, rappresenta una sintesi della storia delle macchine, della storia dell'informatica, della storia dell'automazione, della storia dell'umanità...

# È per il bene di tutti

## A colloquio con Fiorella Operto e Gianmarco Veruggio

### Oltre gli interessi dei potenti

VERUGGIO – L'etica applicata alla robotica, la roboetica, è uno strumento da costruire strada facendo. Serve ad aprire un dibattito contemporaneo allo sviluppo della robotica in società, per un'organizzazione sociale congrua allo sviluppo tecnologico. L'obiettivo è di indirizzare questa nuova scienza verso il bene dell'umanità, per non lasciarla alla mercé degli interessi delle corporation o dei gruppi di potere del mercato globalizzato. Che senso ha, per esempio, continuare a sviluppare un mercato intorno alla tecnologia del motore a scoppio, quando sappiamo bene che l'inquinamento che produce nuoce alla salute e all'ambiente e che la richiesta di mobilità può essere affrontata con tecnologie più moderne? È evidente che a condizionare questa scelta "autolesionista" siano i petrolieri, i produttori di auto e tutti quelli che ricavano interessi da questa tecnologia. Ma siamo certi che le leggi del mercato siano così immutabili?

### Premi il tasto d'avvio e...

VERUGGIO – Dobbiamo prepararci subito all'invasione dei robot in società. Anche perché presto i robot diventeranno soggetti con cui fare i conti, e non oggetti a nostra disposizione come l'aratro, la falce, la pistola... Questo perché i robot saranno dotati di programmi con caratteristiche di apprendimento e di evoluzione. Ciò significa che dopo aver premuto il tasto d'avvio neppure il progettista può prevedere nei dettagli che cosa farà il robot. Questo è vero anche per i comportamenti più basilari. Per esempio, per capire cosa faranno effettivamente i robot sottomarini che io progetto devo necessariamente provarli in mare. Con la simulazione in laboratorio posso infatti prevedere fino al 90 per cento del loro comportamento: il resto per me è un'incognita. A dire il vero, nessuna macchina dotata di intelligenza artificiale fa esattamente quanto progettato, perché la realtà è sempre molto più complessa di una qualunque simulazione.

## Qualità umane non ne ha...

VERUGGIO – Il robot non ha una sua personalità, non vuole diventare un essere umano come il burattino Pinocchio, e neppure si presta a un'evoluzione tale da sfuggire al nostro controllo. Credo che si possa dibattere anche proficuamente sull'ipotesi che i robot in futuro possano manifestare proprietà umane o animali. Ma è già così difficile stabilire cosa effettivamente qualifichi l'uomo! Me ne rendo conto quando osservo da vicino la faccia di uno scimpanzé: la differenza tra me e lui è così sottile e al tempo stesso enorme! Il turbamento che ne scaturisce è tale da chiedermi quale sia la differenza tra me e lui. Analogamente, mi domando se elaborare informazioni, come riesce a fare anche un robot, qualifichi l'uomo, vale a dire, se sia l'essenza della mia intelligenza.

## ... ma è uno di noi

VERUGGIO – Queste grandi domande portano alcuni ingegneri a improvvisare sillogismi azzardati (come l'analogia tra la mente umana e il calcolatore), e i filosofi a discuterci sopra. I fanatici della legge di Moore sostengono, per esempio, che nel 2020 i calcolatori avranno un numero di connessioni identico a quello delle sinapsi umane: e così la parità mente-calcolatore sarebbe raggiunta, con la possibilità che quest'ul-

*Il disegno che il maestro Emanuele Luzzati ha realizzato per il Primo Simposio Internazionale sulla Roboetica, Sanremo, 2004. Per gentile concessione della Scuola di robotica di Genova*

timo cominci a sviluppare una coscienza. Oggi però, dopo cinquant'anni di Intelligenza Artificiale, dovremmo aver capito che non è così facile replicare il modello della mente in un calcolatore!

OPERTO – Vi è chi sostiene che a qualificare l'uomo sia il libero arbitrio (qualcuno comincia anche a parlare di libero arbitrio dei robot). Ma se così fosse dovremmo escludere dalla comunità umana le persone con malattie neurologiche e lesioni corticali gravi. Invece, sappiamo che in questi casi si abbassa soltanto il livello di responsabilità legale e morale della persona, per esempio, ritenendola non perfettamente in grado di intendere e di volere. Similmente, forse un giorno ci si azzarderà a paragonare i robot a esseri umani con responsabilità morale pari allo zero. Ma attenzione, quando parliamo di scelte etiche bisogna sempre ravvisare di quale essere umano stiamo parlando. A un bambino nessuno affiderebbe il comando di un robot da guerra, anche se è un essere umano ben cosciente e dotato di ogni qualità e risorse umane.

## Troppi equivoci, per vie delle parole

VERUGGIO – L'idea che il robot possa avere una personalità quasi umana nasce anche dagli errori di linguaggio. Intelligenza, apprendimento, autonomia, libertà, coscienza: sono parole associate in modo inappropriato ai robot. Nascono quindi ambiguità che facilitano una comunicazione scorretta e sensazionalistica. Ci vorrebbe un glossario per capire a cosa si riferisce un robotico quando usa termini come "intelligenza artificiale" o "apprendimento"!

OPERTO – Qualcuno crede che l'intelligenza artificiale sia la riproduzione, sintetica ma fedele, dell'intelligenza umana. Se in origine fosse stata adottata la parola "computevolezza" al posto di intelligenza artificiale, come suggerì all'epoca lo stesso padre della cibernetica Norbert Wiener, nessun progettista oggi farebbe certe analogie improprie.

VERUGGIO – In effetti, per evitare ambiguità sarebbe preferibile parlare di intelligenza robotica, e non artificiale. Sarebbe più evidente il riferimento alla macchina, che ha caratteristiche ontologiche differenti rispetto all'organismo biologico.

## Non apprende come un bambino!

VERUGGIO – Un'altra parola spesso travisata è "apprendimento". In termini ingegneristici significa, per esempio, che quando il mio robot sottomarino a forma di scatolone scende per la prima volta in fondo al mare, non sa nulla. Poi, grazie alle sue strumentazioni (i sonar, per esempio) comincia a formulare algoritmi, fare mappature tridimensionali dell'ambiente, e via dicendo. Una volta uscito dall'acqua ha *imparato*, nel senso che alla sua seconda immersione saprà come superare gli ostacoli con i quali si è già cimentato. La parola "apprendimento" è la stessa, il meccanismo, però è completamente diverso rispetto a quello umano. Perciò quando un progettista parla del robot che apprende come un bambino, lascia intendere che la somiglianza tra robot e uomo sia di tipo biologico. Mentre sa perfettamente che la capacità di apprendimento della macchina è di tipo ingegneristico, non biologico. Anche i termini coscienza e conoscenza traggono in inganno. Grazie ai sensori il robot ha una sua propriocezione, in altre parole conosce la posizione dei propri arti, lo stato di carica delle batterie, la temperatura interna, la distanza degli ostacoli, e via dicendo. Conosce anche il proprio numero di matricola. Ma non è autocoscienza, nel senso umano del termine!

OPERTO – Diciamo pure che le analogie tra uomo e robot derivanti dai salti logici di linguaggio richiamano il gioco dei bambini, quando danno alle bambole un nome e un ruolo: "Si chiama Carla, è la mia mamma". La differenza è che i bambini sanno bene di giocare.

VERUGGIO – Non nego che la mitizzazione del robot sia radicata nella cultura classica. Tanto che davanti a ogni nuovo robot sperimentato si fantastica sulla nascita di una nuova specie. Resto tuttavia convinto che i nostri robot non discendano dal Golem o dal mostro di Frankenstein, come spesso si crede, ma dal telaio di Jacquard: la nostra origine è nella prima macchina programmabile e passa per la storia dell'elettronica, del calcolatore, del controllo automatico, della cibernetica, dell'Intelligenza Artificiale, fino a oggi.

## Siamo drogati...

OPERTO – Pare che con la tecnologia l'essere umano non sappia proprio darsi limiti: più ne assume più ne ha bisogno, come con la droga. Sono molti gli scienziati i quali sostengono che non si possono porre limiti alla scienza e alla tecnologia. Come se si trattasse di entità a sé, e non farina del nostro sacco. Per esempio, invece di frenare la produzione di automobili troppo veloci, che fanno molte vittime sulla strada, s'inventano dispositivi per reprimere gli eccessi di velocità. Allo stesso modo forse domani si brevetteranno dispositivi per limitare l'autonomia dei robot, invece di assegnargliela soltanto entro certi limiti!

### ... meglio staccare la spina

OPERTO – Sembra che l'uomo trasferisca nei robot il materiale antropologico, totemico, genetico, ricevuto in eredità da chi abbia avuto potere su di lui: genitori, sacerdoti, dittatori... L'idea di fondo è che l'altro, in quanto dotato di intelligenza, costituisca una minaccia da cui difendersi con la sottomissione o con la lotta. Analogamente, nei confronti dei robot (e della tecnologia) si tende a chinare il capo o a ritenerli nemici da sconfiggere. Quando in fondo con le macchine c'è un'alternativa molto semplice: spegnerle al momento opportuno. Consideriamo per esempio il *social robot*, che in futuro è destinato ad aiutarci in molti nostri compiti. Per svolgere le sue mansioni di servitore deve "capirmi"; quindi deve avere informazioni sul mio profilo, conoscere le mie abitudini, finanche la temperatura corporea, la glicemia, l'azotemia... Insomma, deve sapere di me più di quanto ne sappia io stessa. Ciò può creare dipendenza, perché nel condurre la mia esistenza mi convinco di avere bisogno di lui.

### Sono i valori che contano!

VERUGGIO – Il punto è che si cade spesso in una forma di riduzionismo, per cui tutto è ridotto a tecnica, e non si entra nella sfera dei valori e delle scelte etiche. Per esempio, qualunque apparecchio in commercio deve rispettare le norme di sicurezza: con le automobili si fanno i *crash test*, ci si assicura che rispettino le normative sulle emissioni di gas inquinanti, e via dicendo. Analogamente con i robot si crea un apparato normativo tecnico che li renda sicuri al pari di altre macchine. Ma è una sicurezza di tipo ingegneristico, funzionale. E non basta quando di mezzo c'è la relazione tra noi e i robot.

## Arriva i-Robot e sa servirti bene

VERUGGIO – Ciò è tanto importante perché dagli elettrodomestici alle automobili tutte le macchine saranno progressivamente trasformate in robot. E in più avranno il collegamento a Internet: per tenere sul server la quantità enorme di dati di cui hanno bisogno, per acquistare e aggiornare i programmi, per fare la diagnostica, e via dicendo. Si potrà, per esempio, acquistare in rete il programma del robot-cuoco, ordinargli per pranzo l'anatra all'arancia, che lui preparerà scaricandosi la ricetta direttamente da Internet. Del resto, il collegamento alla rete non è una novità. Già si fa con il computer, il lettore Mp3, il telefonino: al negozio virtuale compri i programmi e ti scarichi le varie funzioni. Ma con i robot sarà un bel problema.

*Lo straordinario Asimo in veste di cameriere. Lo zaino che porta sulle spalle è la sua batteria alimentatrice. ©2010 American Honda Motor Co. Inc.*

## È molto indiscreto...

VERUGGIO – Se hai il telefonino con il Gps posso localizzarti e invitarti con un sms a prendere un caffè quando mi accorgo che sei nei paraggi. Figuriamoci il livello di controllo sulla nostra persona che potranno avere i robot collegati in rete! Per ottenere informazioni utili allo svolgimento delle loro funzioni si scambieranno di continuo informazioni tra di loro, un po' come facciamo noi con Facebook o Twitter. Metti il robot-automobile: per portarmi a destinazione nel tempo più breve possibile chiederà ai robot in zona com'è la situazione del traffico. Ma lo scambio d'informazioni lascerà traccia dei miei spostamenti, inevitabilmente. Peggio ancora con il robot-maggiordomo, che per servirmi bene deve avere su di me molte informazioni: dati personali, profilo psicologico, desideri, preferenze, abitudini, reazioni emotive e altro ancora. Per ragioni di spazio custodirà le informazioni sul server. E così chiunque sia in grado di accedervi potrebbe impadronirsene.

## ... eppure non gli diremo di no!

VERUGGIO – È un'illusione credere di tutelare la propria privacy non comprando robot con il collegamento a Internet. Primo, perché saranno macchine progettate per piacere al pubblico, per sedurlo, e sarà difficile resistere alla tentazione di averle. Secondo, il mercato cercherà in tutti i modi di sfruttare le debolezze psicologiche umane per creare quel tipo di attaccamento che ti lega alla macchina. E alla fine, avere l'i-Robot diventerà un dovere sociale, com'è accaduto con il telefonino.

## Etica ed estetica per un design globale

VERUGGIO – L'industria robotica nascente è composta per lo più da ingegneri abituati a vendere bracci robotici alle fabbriche. Sono apparecchiature da tenere chiuse in ambienti controllati, rispettando rigorose norme di sicurezza. Non le vede nessuno al di fuori degli addetti ai lavori, perciò chi le progetta bada soltanto alla praticità e non all'estetica. E così, se fa comodo dare la forma di scatolone si preferisce ad altre, più gradevoli. Oggi, il mercato dei robot si sta aprendo nuovi sbocchi. Occorre quindi accontentare il pubblico, che preferisce linee arrotondate, le quali spesso non si accordano con la praticità amata dagli ingegneri.

## Bello e gradito...

VERUGGIO – Nel robot il design va inteso in senso globale. Vale a dire che si deve tener conto non solo dell'aspetto fisico, ma anche del comportamento, del modo in cui si muove nell'ambiente, del grado di accettabilità da parte della gente. Prima di tutto il robot non deve creare allarme, altrimenti diventa una presenza ostile. Nel raggiungere una persona non deve andare dritto verso di lei in modo brusco, né arrivare alle spalle, se no la spaventa. Deve invece muoversi con calma, seguendo frontalmente una linea curva, più rassicurante. E ancora, nel porgere qualcosa come un bicchiere d'acqua il robot deve saper modulare il movimento con grazia, se no la persona, anche se conosce l'efficienza del suo sistema di anticollisione, avrà l'impressione che quel bicchiere glielo stia sbattendo in faccia.

## ... che sappia sorridere al momento giusto

OPERTO – Andrebbe data molta attenzione anche all'espressione del volto dei robot umanoidi. Invece, per definire le espressioni delle emozioni oggi molti progettisti usano pochi stereotipi di genere risalenti agli anni '70 (se ne parla nel settimo capitolo, ndr). Sono modelli riduttivi, che non corrispondono alle espressioni genuine dell'essere umano. E poiché si basano sulle espressioni degli occidentali, non si adattano neppure al mercato globale. Presso molti popoli orientali, per esempio, si sorride anche quando si è tristi e non si esprime liberamente la rabbia: questi popoli accetterebbero robot con espressioni così stereotipate? C'è da dire, però, che ancora oggi né l'Intelligenza Artificiale, né la robotica sono in grado di riprodurre la complessità espressiva umana in una macchina.

## Quella faccia lì non la voglio!

OPERTO – Il problema è che un robot progettato con una libreria di espressioni stereotipate non sarebbe in grado di riconoscere le emozioni umane presso tutte le culture. Le leggerebbe in base ai suoi modelli riduttivi, non aderenti alla gamma vasta delle nostre espressioni facciali. Inoltre, poiché c'è sempre circolarità di relazione tra noi e le macchine, nel rapporto a due si stabilirebbe una visione reciproca non autentica. E finiremmo noi con l'adeguarci alle espressioni limitatissime del robot!

## Libero! per capire se può stare con noi

VERUGGIO – In Giappone c'è un distretto dove i robot circolano in libertà in un'area protetta. È una sperimentazione unica nel suo genere ma fondamentale per la valutazione dell'impatto sociale che queste macchine possono avere, in termini di sicurezza e accettabilità. Oggi, anche se la tecnologia lo permette, nessun veicolo senza pilota può infatti circolare liberamente. È per ragioni di

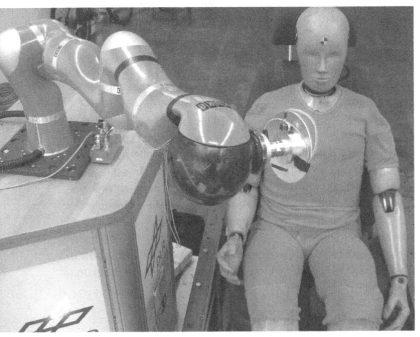

*Un robot amico deve essere anche sicuro: crash test esuguito dall'Agenzia spaziale tedesca (DLR) sul braccio robotico KUKA, nell'ambito del progetto europeo PHRIENDS (www.phriends.eu)*

responsabilità legale, perché in caso d'incidente non si saprebbe chi incolpare. Come nel diritto della navigazione non è ancora ammesso che il capitano di una nave sia un robot!

## Gli esperimenti non sono immorali

VERUGGIO – La ricerca è pura intuizione, è un andare alla ventura in cerca di nuove sponde. Nel condurla nessuno sa di preciso cosa sta facendo, né a quali risultati giungerà. Ecco perché il ricercatore va lasciato libero di seguire linee anche apparentemente prive di senso, fatte salve ovviamente le regole di base (informare del proprio lavoro la comunità scientifica e metterla in condizione di replicare ogni esperimento condotto). Nessuna commissione di esperti può quindi permettersi di giudicare preventivamente la ricerca. Perché nel valutarla si baserebbe su quanto già esiste, mentre la ricerca lavora su ciò che non esiste. Vanno invece valutate molto attentamente le applicazioni tecnologiche rese possibili dalle ricerche: bisogna capire se sono eticamente ammissibili, economicamente vantaggiose. Solo sulla base della conoscenza possiamo stabilirlo. Tuttavia, mentre si criticano gli esperimenti arditi, si pensa di lanciare sul mercato robot dotati di autonomia senza avere un'idea precisa delle conseguenze. Come se la società fosse un laboratorio a cielo aperto, dove condurre esperimenti su larga scala. Questo sì che è davvero immorale!

## ... un cervello biologico

VERUGGIO – Nel 2008 all'Università di Reading, in Gran Bretagna, un robottino simile a una macchinina per bambini ha ricevuto i comandi non da un computer, come di solito accade per i robot, ma da un microarray, un dispositivo dove erano stati allevati alcuni neuroni di topo e che è stato fatto funzionare come una rete neurale. Qualcuno si è chiesto dove mai andremo a finire... Per la verità, non c'è nulla d'immorale in questo esperimento. Al contrario, Kevin Warwick, il cibernetico che l'ha condotto, potrebbe scoprire qualcosa sulle malattie neurodegenerative, per caso, come già accaduto per le scoperte della radiazione cosmica di fondo e della penicillina. È anche probabile che un giorno siano altri, a partire dai suoi studi, a scoprire chissà che cosa.

### ... ti comando con la mente

OPERTO – Non c'è nulla d'immorale neppure negli esperimenti che mirano al collegamento mentale tra esseri umani e robot. Tramite un'interfaccia cervello-macchina Asimo, il celebre robot giapponese, nel marzo 2009 è stato collegato con una calotta a un operatore. Questi, con la sola volontà, senza muoversi né parlare, è riuscito a dare al robot alcuni comandi semplici, come muovere un braccio. In buona sostanza, l'operatore pensava l'azione e Asimo la riproduceva. In casi del genere la macchina riceve il comando tramite i segnali elettrici del cervello umano che sono comunemente rilevati come onde elettroencefalografiche. Si tratta quindi di movimenti che nulla hanno a che vedere con la nostra coscienza, ma che la precedono. Quando muoviamo un braccio il comando viene infatti espresso ed emesso prima che la coscienza ne sia al corrente.

### ... sei l'estensione del mio corpo

OPERTO – Questo genere di esperimenti sotto il profilo applicativo apre prospettive interessanti nel campo della riabilitazione. Le persone mutilate, per esempio, potrebbero muovere le loro protesi articolari come se fossero vere. Sappiamo infatti che in assenza di lesioni corticali chi non ha più un arto non perde la possibilità di comandarlo (da qui il fenomeno dell'arto fantasma). Si potrebbe quindi sfruttare la potenzialità del cervello di continuare a mandare segnali collegandolo alle protesi robotiche tramite un'interfaccia apposita.

VERUGGIO – Dispositivi del genere sono già in via di sviluppo. Negli Stati Uniti stanno lavorando in campo bellico a caschi con visiere che potenziano la capacità visiva e permettono di focalizzare il bersaglio analizzando i movimenti oculari. La stessa applicazione si ritrova nei computer: per spostarmi sullo schermo al posto del mouse uso gli occhi, dando i vari comandi con la volontà. L'obiettivo finale è quello di utilizzare i segnali mentali per dare comandi alla macchina, senza attivare la catena muscolare e articolare.

OPERTO – Contrariamente a quanto si potrebbe credere, con i comandi mentali non c'è il rischio di causare incidenti per distrazione. Non si tratta infatti di pensieri volanti del tipo "vorrei che il bicchiere si sollevasse in aria". Ma di segnali precisi, individuabili con l'elettroencefalogramma e la Pet (la tomografia a emissione di positroni).

## ... non leggi nel pensiero

VERUGGIO – Certamente le implicazioni etiche non mancano in questo genere di applicazioni. Ma sia chiaro che nessuna macchina potrà mai materializzare i nostri pensieri inconsci al di fuori del nostro controllo, come accade nel film di fantascienza "Il pianeta proibito"! (Usa, 1956). D'altronde, l'idea di sostituire la comunicazione fisica con quella mentale non è poi così fantascientifica. Sono molti infatti i laboratori di ricerca che tentano di intercettare un segnale neurologico traducibile in un'azione utile, in modo ripetibile e controllabile. E tra qualche decennio dispositivi di questo genere saranno in commercio per la comodità di tutti. Per esempio, a me piacerebbe guidare l'auto in una posizione ergonomica, dando comandi mentali o verbali, piuttosto che stancarmi usando braccia e gambe!

## La guerra, quel nervo scoperto che scredita l'umanità!

VERUGGIO – L'impiego dei robot in guerra è destinato ad alimentare discussioni accese. Non rispettano la prima legge della robotica di Asimov, quella che vieta ai robot di nuocere a un essere umano. Il dibattito è controverso, c'è chi è contrario e chi no. Ma a oggi l'uso di queste macchine è tacitamente accettato, a patto che siano teleguidate, in altre parole che non prendano decisioni in modo autonomo. In effetti, non è chiaro se queste macchine siano abilitate o meno a sparare senza il comando del supervisore. Anche perché le informazioni sulla robotica militare sono piuttosto segrete e non circolano nella nostra comunità scientifica. E poi non è facile definire il confine dell'autonomia delle macchine. Si dice che lo *sword*, un robot dotato di mitragliatrice, faccia fuoco sotto il controllo di un operatore umano. Ma è nella realtà delle cose che possa anche sparare in autonomia. Perfino un termostato può decidere da solo quando accendere o spegnere il condizionatore, figuriamoci un robot!

## ... migliori dei soldati?

VERUGGIO – I militari mettono l'accento sul fatto che i robot, se programmati con le regole previste dal codice di guerra, agiscono in modo irreprensibile perché privi di emozioni. Secondo loro, alla prova dei fatti si comporterebbero meglio di un soldato, che colto da paura potrebbe far fuoco per sbaglio.

OPERTO – Comunque i robot non sanno contestualizzare le informazioni alla stessa stregua degli esseri umani, e possono quindi sbagliare di grosso nel fare le valutazioni. Per esempio, uno *sword* in ricognizione in una zona di guerra vede alcune persone che sparano; lo comunica all'operatore, che sarà al di fuori del suo campo visivo. In realtà si tratta dei festeggiamenti di un matrimonio locale. Ma l'operatore non può capirlo e decide di intervenire, rendendosi colpevole di una strage di civili. Il problema è che le macchine espandono le nostre capacità di conoscenza, ma le informazioni le hanno loro, non noi. È un bel problema, visto che la responsabilità, sia morale sia legale, è nostra, non loro.

## ... R come robotico

VERUGGIO – I robot in guerra potranno diventare macchine con licenza di uccidere. Possono sfuggire al controllo, avere effetti controproducenti in chi le usa, essere clonate dal nemico, e gli esiti del loro impiego sono imprevedibili, sia in termini di potenziale letale, sia di vittoria o sconfitta della guerra. In più possono andare incontro a un *bug software*. Perché, parliamoci chiaro, se talvolta non funzionano i sistemi operativi dei computer perché dovrebbero funzionare sempre quelli dei robot? Si badi che non è una posizione che riguarda soltanto i pacifisti, poiché anche molti ambienti militari sono preoccupati. Ecco perché, a livello di stesura di convenzioni, gli organismi internazionali dovrebbero occuparsene immediatamente. Magari aggiungendo un capitolo dedicato alla robotica a quelli già esistenti per le armi di distruzione di massa, le cosiddette regole NBC, che oggi si occupano di contenere in guerra gli effetti del rischio nucleare, biologico e chimico.

# Negli abissi a sfidare l'estremo

Il mare occupa il 70 per cento della superficie terrestre. Lo sorvoliamo in aereo, lo attraversiamo in nave. Ma negli abissi le condizioni sono così estreme che solo con mezzi speciali si può scendere. Tra questi ci sono i robot, impiegati in mare principalmente nel settore militare e dell'off-shore, per la costruzione e la manutenzione di oleodotti o il deposito di fibre ottiche a profondità proibitive per l'uomo. Queste macchine possono lavorare 24 ore su 24 per bonificare fondali, sorvegliare e riparare cavi sottomarini, scoprire relitti, vigilare su parchi naturali di archeologia subacquea che rischiano continuamente di essere saccheggiati, e tante altre attività impossibili per l'uomo. A svolgere compiti così difficili sono due tipi di macchine: i ROV (*Remotely Operate Vehicle*) e gli AUV (*Autonomous Underwater Vehicle*). I primi sono collegati con un cavo "ombelicale" alla stazione dell'operatore, che li comanda in remoto, riceve i dati richiesti e fornisce l'alimentazione elettrica necessaria per il funzionamento del sistema di bordo. Gli AUV sono invece veicoli capaci di eseguire in autonomia missioni pianificate: hanno di solito una forma allungata e sanno muoversi a velocità fra i 2 e i 12 nodi portando un'opportuna

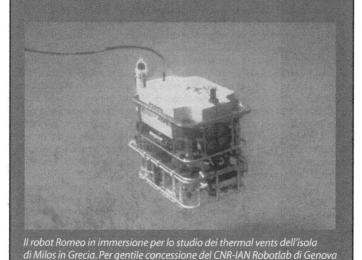

*Il robot Romeo in immersione per lo studio dei thermal vents dell'isola di Milos in Grecia. Per gentile concessione del CNR-IAN Robotlab di Genova*

strumentazione. Sono però meno flessibili dei ROV nell'intercambiabilità degli strumenti di raccolta dati.

Della progettazione e dello studio di queste macchine si occupa la robotica marina. Un compito non facile, che pone problemi tali da mettere in discussione molte delle certezze acquisite sulla terraferma. Per questo motivo, quella che oggi è una disciplina di frontiera può fare da volano per ripensare il modo di studiare e progettare i robot del domani.

## NOTE

[1] La *Roboethics Map* è uno dei primi esempi, in tempi recenti, dell'interesse della comunità scientifica nei confronti delle conseguenze morali e sociali della robotica. È stata presentata a marzo 2006 a Sanremo (Italia) nell'ambito dell'*Atelier* del network europeo di ricerca robotica *EURON* (*European Robotics Research Network*). Il documento, sostenuto e divulgato da Fiorella Operto e Gianmarco Veruggio della Scuola di Robotica di Genova, indica quali possono essere le possibili implicazioni etiche e sociali della robotica, delineando i possibili percorsi di ricerca da intraprendere. Il documento, aperto a modifiche e aggiornamenti al passo con la ricerca, pone un'attenzione particolare alle carte internazionali dei diritti umani. Il testo si può scaricare dal sito web http://www.roboethics.org

[2] Riguardo all'inadeguatezza delle tre leggi della robotica sono interessanti le osservazioni di Giuseppe O. Longo. Come si legge in un suo articolo (*L'etica al tempo dei robot,* Mondo Digitale, VI, 1, marzo 2007): "In realtà, se le regole di Asimov fossero calate nel mondo reale non mancherebbero di suscitare problemi e ambiguità. Che cosa vuol dire danno? Chi ne è responsabile? E chi lo stabilisce, chi lo quantifica? Il concetto di danno sembra legato al concetto di male (non solo fisico) e sul problema del male si sono arrovellate generazioni di filosofi, teologi, letterati e artisti. Il cervello positronico, razionale e rigoroso, saprebbe impostare e risolvere le «equazioni del male» grazie a un'edizione aggiornata del *calculemus* leibniziano? C'è da dubitarne. In effetti, la nozione di danno che compare nelle Leggi, presenta molte ambiguità: se un umano sta recando danno a un altro essere umano (per esempio sta tentando di ucciderlo), come si deve comportare il robot? Se interviene reca danno all'assassino, ma il suo mancato intervento reca danno alla vittima". Questi sono alcuni dei problemi e delle incongruenze richiamati da Longo e inerenti alle tre leggi della robotica. Asimov, in fin dei conti, ne era consapevole, tanto che a un certo punto aggiunse una quarta legge, la Legge Zero: "Un robot non può recar danno all'umanità e non può permettere che, a causa di un suo mancato intervento, l'umanità riceva danno". Ma anche questa, non basta a proteggerci dai pericoli.

# Bell'eroe, prima mi uccidi e poi mi curi

## Buone pratiche per robot e ciborg

*Prime armi furono le mani, le unghie, i denti e i sassi e anche i rami spezzati dei boschi e le fiamme e il fuoco, subito che furon conosciuti. Più tardi fu scoperta la forza del ferro e del bronzo...*

Lucrezio, *De rerum natura*

*Dobbiamo essere pronti al futuro, pronti alle sfide che intravediamo all'orizzonte e a quelle che non possiamo nemmeno immaginare.*

Robert M. Gates, segretario alla Difesa statunitense

## Macchine al fronte

Negli Stati Uniti la quasi totalità della ricerca robotica ha obiettivi bellici. L'idea è quella di usare la tecnologia, non solo robotica, per battere il nemico riducendo quanto più è possibile i danni e in particolare le perdite di vite umane tra i propri soldati e tra i civili inermi. Di questa faccenda molto complessa, nel paese militarmente più potente del mondo a occuparsi delle dotazioni è la DARPA, l'agenzia della difesa statunitense per i progetti di ricerca avanzati; mentre delle strategie di combattimento si fa carico l'US Army, con un nuovo programma che va sotto il nome di *Army brigade combat team modernization*. In buona sostanza, grazie alla tecnologia satellitare, ai sistemi robotici, informatici e di telecomunicazione più all'avanguardia, gli americani condurranno le loro guerre all'insegna dell'integrazione e messa in rete di tutti i mezzi per il combattimento, tradizionali e non, incrementando quanto più possibile le capacità d'*intelligence*, di sorveglianza e di ricognizione dei soldati.

Per la guerra super tecnologica l'esercito americano userà anche armi robotiche di vario tipo. In particolare, veicoli e velivoli senza pilota a bordo per la ricognizione e l'attacco, come per esempio elicotteri, sminatori, perlustratori di terra capaci di penetrare in qualsiasi cavità e mezzi d'attacco di forme e dimensioni varie che sanno colpire un bersaglio in movimento anche quando cambia bruscamente direzione. Tutti i robot saranno in grado di trasmettere in tempo reale alle strutture di comando e controllo ogni genere d'informazione, tra cui immagini e suoni. Tra le nuove dotazioni dei soldati ci saranno anche i caschi con computer e navigatore satellitare incorporati: potranno ricevere e inviare informazioni e saranno dotati di visiere che in funzionalità ricordano quelle del film *RoboCop*, diretto da Paul Verhoeven nel lontano 1987. Ci sarà in dotazione anche lo zaino bionico (ne abbiamo parlato nel secondo capitolo) collegato al sistema nervoso periferico del soldato che non ne sente il peso neppure quando è stracolmo di oggetti pesanti. Anche se l'esercito non ne parla in modo esplicito, si stanno sperimentando altri impianti collegati al sistema nervoso periferico (e forse anche centrale) dei militari. L'obiettivo è il miglioramento delle capacità fisiche e sensoriali dei soldati che in questo caso sarebbero trasformati in ciborg con poteri nettamente superiori rispetto a quelli dei normodotati.

La guerra condotta con i mezzi tecnologici avanzati apre interrogativi di varia natura, che, secondo il parere di molti, meritano la massima attenzione. La prima domanda riguarda l'equità nei combattimenti. Chi volente o nolente si trovasse costretto a competere con una forza militare ricca di mezzi e di strategie partirebbe in svantaggio, e quindi potrebbe perdere. Sarebbe giusto e leale? Per risolvere il problema bisognerebbe riscrivere i codici di guerra, ma non è detto che gli stati dotati di mezzi tecnologici avanzati sarebbero d'accordo.

Ci si chiede, inoltre, se, a fronte di una crisi economica, in termini di rapporto costi/benefici, sia conveniente spendere tanti soldi in dispositivi bellici così costosi. Per eventuali risultati deludenti, come la morte di troppi soldati in guerra, i cittadini compatrioti potrebbero infatti non essere d'accordo e protestare attivamente. E c'è un altro problema da prendere in seria considerazione: si promette una precisione quasi chirurgica nel colpire il bersaglio da parte delle armi robotiche, ma finora neppure il più avanzato missile *Cruise* ha dato mostra di tanta accuratezza. E se un domani sotto il fuoco dei robot finissero i civili inermi e i bersagli sbagliati? Sarebbe una bella sconfitta per gli eserciti, per gli ingegneri fautori della guerra tecnologica e per le vittime!

Detto questo, la questione etica più dibattuta riguarda l'autonomia d'azione dei robot sul campo di battaglia. Vale a dire, è ammissibile che un robot faccia fuoco sul nemico decidendo di agire da solo, in base ai propri calcoli e alle proprie valutazioni? Allo stato attuale molti robot bellici sono in grado di operare con un discreto livello di autonomia. Tuttavia, le regole d'ingaggio della guerra oggi non ne permettono l'impiego. Quindi, anche se dotati di autonomia, i robot devono necessariamente essere teleguidati a distanza dall'operatore umano. Nondimeno, un domani le cose potrebbero cambiare. Nel qual caso i robot bellici dotati di autonomia potrebbero non solo essere usati con disinvoltura, ma addirittura sostituire i soldati grazie a regole d'ingaggio studiate appositamente per loro.

A dire il vero, i militari si rendono ben conto di tutti questi problemi. E in effetti, cercano soluzioni praticabili anche chiedendo la collaborazione di università importanti. Per capire se in guerra i robot autonomi possano essere impiegati oppure no, l'esercito americano si è rivolto finanche al robotico di fama internazionale Ronald Arkin, del *Georgia Institute of Technology*. Noto per i suoi robot con architetture che s'ispirano al comportamento animale, il professore è un profondo sostenitore dei principi etici applicati alla guerra condotta con i robot. Tra le sue considerazioni più originali c'è l'idea che i crimini di guerra, come le torture inflitte deliberatamente dai militari statunitensi ai prigionieri iracheni nel carcere di Abu Ghraib durante il conflitto in Iraq nel 2003, si eviterebbero se al posto dei soldati sul campo di battaglia ci fossero i robot autonomi. Quanto a comportamento le macchine si mostrerebbero, infatti, più umane degli umani, perché sarebbero capaci di rispettare le regole d'ingaggio meglio dei soldati. Arkin è convinto davvero della sua tesi. Tanto che, nella parte conclusiva del documento ben articolato con cui risponde al quesito dell'esercito americano (*Governing Lethal Behavior: Embedding Ethics in a Hybrid Deliberative/Reactive Robot Architecture*, Atlanta, Georgia, Usa, 2007), si esprime così:

Il primo obiettivo resta quello di applicare in modo credibile le leggi internazionali di guerra nel campo di battaglia, creando una classe di robot che non solo si conformi alle leggi internazionali, ma sia anche superiore ai soldati umani per la capacità di esprimere valori etici.

Senza dubbio, queste parole aprono la strada all'impiego dei robot-soldato. Ma è possibile che le macchine esprimano valori etici superiori a quelli umani? E l'eventuale omicidio di un soldato nemico da parte di un robot-soldato può rappresentare un valore etico superiore? Niente affatto. Ma la guerra è guerra! E Arkin non ha dubbi sulla bontà della sua tesi:

*Un soldato indossa l'esoscheletro HULC™ messo a punto dalla Lockheed Martin Corporation (Usa) per migliorare la mobilità e potenziare la resistenza umana.*
*© Copyright 2009 Lockheed Martin Corporation*

Spero che l'impiego dei robot soldato non sia necessario né oggi né in futuro. Ma l'inclinazione del genere umano verso la guerra sembra evidente e inevitabile. Del resto, se solo riuscissimo a ridurre il numero delle vittime civili, in accordo con quanto le convenzioni di Ginevra promuovono e le tradizioni di guerra sottoscrivono, il risultato sarebbe comunque umanitario, anche se ci troveremmo pur sempre di fronte ad una guerra.

Benché paradossale, anche chi ha a cuore i valori umani sembra disposto ad accettare l'idea che le macchine, grazie alla loro efficienza, determinatezza e precisione, possano uccidere "meglio" di un essere umano. D'altronde, non c'è da stupirsi, dato che nonostante l'esperienza fallimentare della guerra atomica sono ancora in molti a credere che con l'aiuto della scienza e della tecnologia si possa correggere la guerra, rendendola meno letale, più efficace, più umana. Forse chi la pensa così non ha tutti i torti. E può darsi che siano i pacifisti a illudersi di un possibile "mai più!" della guerra, non volendo guardare in quell'immenso mare di sangue versato nel corso dei millenni sui campi di battaglia. Tuttavia, ritenere che la guerra con i robot sia destinata a migliorare le cose potrebbe rivelarsi alla stessa stregua un grande abbaglio.

## Un robot può essere etico?

### Intervista a Peter Asaro

Per la sua portata, l'idea di Arkin sul possibile impiego dei robot bellici trova consenso anche tra le fila di chi non ama particolarmente la guerra. Per approfondire la questione abbiamo rivolto qualche domanda a Peter Asaro, filosofo della scienza, esperto di tecnologia e media, ricercatore al *Center for Cultural Analysis* della *Rutgers University*, nel New Jersey, USA.

*Peter Asaro, Ronald Arkin sostiene che i robot potrebbero sostituire i soldati sul campo di battaglia perché sarebbero in grado di seguire le regole d'ingaggio. Non è un'idea un po' bizzarra?*

Per alcuni versi Arkin ha ragione. I robot possono effettivamente essere costruiti con architetture che consentono il rispetto dei vincoli etici previsti dalle regole d'ingaggio della guerra. È anche vero che i robot sono superiori rispetto agli umani: non soffrono la fatica, non hanno paura, non hanno bisogno di sparare per primi, possono sacrificarsi. I soldati invece, presi dalla paura degli agguati, spesso sparano sui civili per timore di essere colpiti a loro volta. Bisognerebbe però essere certi che i robot siano effettivamente strutturati secondo i principi etici di cui si parla.

*L'impiego dei robot autonomi in guerra non comporta molti rischi?*
Come al solito, ci sono sempre i pro e i contro. E difatti bisognerebbe decidere se usare o no i robot autonomi in guerra. Non li vogliamo? Allora bisogna condurre una battaglia civile perché non si utilizzino, come quella condotta oggi contro le armi nucleari. Certo, accordarsi a livello internazionale non è facile. Ma non è neppure impossibile. Tuttavia, credo che non si possa fare nulla se la priorità non entra nell'agenda del dibattito politico!

*Non è una contraddizione dichiararsi etici e al contempo accettare l'impiego dei robot autonomi in guerra?*
Se sei convinto che i robot siano intrinsecamente etici non hai ragione d'impedirne la costruzione e tanto meno l'impiego. D'altra parte, dire che i robot sono etici è un'assunzione molto forte!

*Perché, i robot non possono essere etici?*
Per rispondere correttamente a questa domanda si dovrebbe prima valutare empiricamente l'efficacia dei robot sul campo di battaglia. Ma i dati non sono disponibili. Tuttavia, con una buona approssimazione possiamo dire che gli UAV (i veicoli e velivoli senza pilota a bordo) e i droni usati in territori di guerra dall'esercito americano e controllati a distanza dalle basi militari del Nevada hanno fatto vittime civili. Il punto è che nei combattimenti anche i robot possono sbagliare. E sotto questo profilo il buon livello di tecnologia raggiunto nella progettazione e costruzione delle macchine pare che non risolva affatto i problemi.

Stanley, il robot-automobile sviluppato all'Università di Stanford (Usa). Nel 2005 ha vinto la competizione tra veicoli senza pilota a bordo Grand Challenge organizzata dalla DARPA, Defense Advanced Research Projects Agency. Per gentile concessione della DARPA

# Il robot va alla guerra

## Idee a confronto

*Guglielmo Tamburrini*
*Università "Federico II" di Napoli*

**Servono per uccidere**
**E possono sbagliare**

«Per comportarsi in conformità con le leggi umanitarie in guerra un robot dovrebbe avere capacità percettive e di ragionamento molto discriminative, che vanno ben oltre lo stato dell'arte della robotica.
Oggi un robot riuscirebbe a malapena a distinguere un soldato che si arrende se alzasse le mani in un modo convenzionale. Ma chi si arrende spesso è ferito o spaventato, e non è detto che rispetti il protocollo, ammesso che lo conosca. I problemi ci sono anche perché la percezione computazionale è complicata, e non ci si può illudere di arrivare dall'oggi al domani a robot militari autonomi in grado di rispettare regole d'ingaggio. Abbiamo visto che un missile "intelligente" di nuova generazione non è sempre in grado di distinguere un obiettivo militare da uno scuolabus civile. La guerra chirurgica è uno slogan che spesso non corrisponde alla realtà. Perché allora dovremmo affidarci, senza chiedere nuove garanzie morali, a questo genere di armi?».

*Roberto Cordeschi*
*Università "La Sapienza" di Roma*

**Li useranno**
**Meglio fissare le regole**

«La tecnologia ancora non permette l'uso di robot completamente autonomi in guerra. Ma quando sarà il momento, è difficile credere che non saranno impiegati. Del resto, imporre agli Stati Uniti o ad altri paesi un freno alla ricerca nel settore è impossibile.

Nella nostra società, lo vediamo anche con il paventato tentativo di clonazione dell'uomo, è difficile bloccare la ricerca in qualsiasi settore. L'unica soluzione sarebbe di stabilire convenzioni internazionali che disciplinino l'uso dei robot bellici. Ma serve tempo. In fondo, in Europa siamo arrivati a una "regolamentazione" della guerra dopo secoli di massacri indiscriminati. Però, anche ipotizzando una forma di ordinamento, con i robot potranno esserci sempre problemi che al momento non è facile prevedere.

Questo, del resto vale per tanti settori. Oggi, per esempio, a guerra fredda ridimensionata se non conclusa, l'arsenale atomico ancora esistente rappresenta per certi aspetti un pericolo maggiore per l'umanità che non prima, perché è meno controllato».

*La fallibilità dei robot non dipende quindi dal livello di tecnologia?*

Non del tutto, non sempre e non in questi casi. Il problema è complesso. Le vittime civili ci sono perché questi mezzi hanno spesso informazioni sbagliate o di scarsa qualità, ma ciò talvolta è indipendente dal livello di tecnologica robotica con cui sono costruiti i robot.

*Allora non è vero, come dice Arkin, che i robot autonomi dotati di un'architettura adeguata si comporterebbero meglio dei soldati.*

Per certi versi, sì. Ma i robot hanno un grosso limite rispetto agli umani. Ecco, Arkin basa il comportamento etico dei robot sulle regole d'ingaggio militari. Ma il problema è che i militari al momento opportuno potrebbero disubbidire, per esempio, rifiutandosi di condurre una guerra palesemente ingiusta. I robot invece non direbbero mai di no. In effetti, in guerra seguirebbero fin troppo scrupolosamente le regole d'ingaggio, ma potrebbero combattere dalla parte sbagliata!

*Qual è il limite dei robot soldato?*

I robot, anche se dotati di autonomia, non sono in grado di esprimere giudizi etici e pertanto non possono esprimersi negativamente davanti a una guerra ingiusta. Dire che un robot è etico è dunque un'assunzione non vera.

*Allora perché Arkin sostiene che i robot sono più umani dei soldati?*

Perché Arkin è un ingegnere, e ragiona come un ingegnere. Parte cioè dal principio che l'efficienza e l'accuratezza basate sulla buona tecnologia coniugate alle regole d'ingaggio producano un comportamento etico. Ma non è così! Non è questa l'etica. Un sistema etico non si può concepire sulla base del rispetto delle regole prefissate, ma si basa sulle domande che ognuno di noi si pone sugli eventi della vita, sui fatti del mondo. L'etica si fonda cioè sulla riflessione intorno alle cose, e questo processo di riflessione è un processo morale. Il risultato della riflessione a sua volta si può tradurre in un'azione, e l'azione, come tale, è sempre soggetta a un'interpretazione correlata a un sistema d'idee o di teorie.

*Vale a dire?*

In altre parole l'etica è il risultato della nostra riflessione su un sistema di valori. Ammettiamo, per esempio, che tu stia partendo per la guerra. Di sicuro ti faresti queste domande: "Perché lo sto facendo? Cosa rende giusto per me fare la guerra? Quali valori ci vedo? Cosa mi spinge a farlo? Quali sono gli obiettivi?". Ecco, questa tua riflessione è un processo morale, e il prodotto del processo morale si traduce in un'azione (nel nostro caso, appoggiare o non appoggiare una guerra). La moralità di quest'azione è però sempre soggetta a un'interpretazione, a una teoria, ai differenti modi di pensare. E perciò credo che siano legittimi i disaccordi riguardo allo stabilire se una certa questione sia giusta oppure no. In fondo, si discute sulla morale e sull'etica per questi motivi.

*Quindi i robot sarebbero troppo zelanti per essere etici!*

Assolutamente sì! Perché il processo etico è un assumersi la responsabilità dell'azione, che segue alla riflessione morale. Se i robot seguono soltanto le regole non possono avere la responsabilità dell'azione. Loro decidono secondo protocolli, obbediscono ciecamente alle regole e di conseguenza non sono soggetti morali, e quindi non sono neppure etici. È vero che seguire il sistema di regole d'ingaggio richiede la capacità di prendere decisioni e interpretare dati, ma è diverso dal pensare alle ragioni per cui tu stai facendo qualcosa. Tu decidi di fare o non fare la guerra, di sostenerla o di non sostenerla in base ai valori che ti stanno a cuore, che hai fatto tuoi in famiglia, tra gli amici, nei luoghi della cultura e della religione. I valori etici non li hai appresi seguendo un corso di etica. No, non si può diventare etici seguendo le regole etiche!

## Macchine che curano

Tenaci e resistenti, dotati di forza bruta e capaci di lavorare in condizioni estreme, se non fosse per quella dannata attitudine umana a farsi reciprocamente del male i robot sarebbero tutti buoni. Come *Wall-E*, l'eroe spazzino del film d'animazione della Disney (Usa, 2008) che spinto dall'amore riesce a salvare il pianeta Terra.

Oggi, nella realtà, tra la vasta schiera degli eroi pacifici si annoverano i robot che curano. Usati in medicina, in chirurgia e nella riabilitazione, provengono in buona parte dalla ricerca bellica. È il caso delle protesi robotiche, studiate per restituire gli arti ai soldati mutilati; del robot-chirurgo progettato per operare a distanza i militari feriti negli ospedali da campo; dell'esoscheletro (un'armatura moderna) che oggi le persone che non riescono a muoversi bene in modo autonomo possono indossare per salire e scendere le scale o per camminare senza stancarsi troppo.

La disciplina scientifico-tecnologica che si occupa di queste macchine che trovano applicazione nel campo della salute è la *biorobotica*, talmente promettente da meritare una trattazione a sé. A cavallo tra la medicina, la biologia e l'ingegneria, questo settore di ricerca progetta e realizza soprattutto sistemi di robotica d'ispirazione biologica. Oltre ai macchinari per interventi chirurgici e alle protesi articolari, tanto per fare qualche esempio, ci sono gli impianti (dispositivi e microchip), gli organi artificiali (come il cuore artificiale messo a punto dalla DLR, l'Agenzia spaziale tedesca), i robot per la riabilitazione, i dispositivi biomedici, i robot farmacisti che preparano in sicurezza i medicinali biologici potenzialmente molto pericolosi, i robot infermieri e via dicendo.

Allo studio c'è anche lo sviluppo di protesi articolari controllabili direttamente con la volontà. È vero che oggi sono a disposizione protesi nuove, come il ginocchio robotico che sa sincronizzarsi con i movimenti della gamba sana, la sa imitare, e consente nella pratica una camminata sciolta, che all'osservazione trae in inganno per la sua naturalezza. Tuttavia, benché tecnologicamente avanzate, queste protesi sono ancora molto rudimentali per chi le "indossa". Sono percepite, infatti, come corpi morti, alla stessa stregua delle gambe di legno di una volta, anche se ben più sviluppate. Quando un giorno si arriverà a collegare le protesi al sistema nervoso e si potranno comandare con la volontà, allora sì che questi surrogati di mani, braccia, gambe, cominceranno a essere percepite come una parte integrante del corpo!

Tra gli sviluppi più promettenti della biorobotica ci sono anche i nano-robot. Per la loro dimensione incredibilmente piccola (un miliardesimo di metro, come una piccola molecola!) sono capaci di intervenire finanche sul feto umano e sulle cellule, rendendo possibili interventi di microchirurgia e nano-chirurgia oggi impensabili. Oggi allo studio ci sono nano-robot che, attraverso le vie interne del corpo, trasportano i farmaci oncologici direttamente nelle cellule tumorali, conferendo la massima efficacia al medicinale senza intossicare tutto l'organismo. Le ricerche promettenti in questo campo sono tante e i biorobotici ci stanno lavorando con profitto. In Europa, per gli interventi sulle cellule, sono interessanti i risultati del progetto NINIVE (*Non Invasive Nanotrasducer for In Vivo gene thErapy*).

Anche in un settore come la biorobotica non mancano però le preoccupazioni sul piano etico. Anche qui le domande sono tante e non trovano risposte del tutto esaurienti. Un domani, per esempio, quando le applicazioni saranno una realtà consolidata, chi potrà permettersi le protesi, gli interventi chirurgici e le varie cure? Sarà giusto destinarle soltanto ai ricchi? Chi garantirà che le applicazioni non siano usate contro una parte dell'umanità? Ed è giusto continuare a sperimentare sistemi biorobotici in campo bellico per migliorare, per esempio, il rendimento e le dotazioni dei soldati? E infine, è lecito sperimentare impianti corticali? E se un giorno questi ultimi arrivassero a controllare la mente umana?

I ricercatori che si pongono domande di questo genere sono

orientati a favorire uno sviluppo della biorobotica il più possibile compatibile con la tutela sia dei valori condivisi sia dell'umanità nel complesso. In Italia sono d'esempio per il loro impegno i ricercatori del laboratorio ARTs (*Advanced Robotics Technology and System*) della Scuola Superiore Sant'Anna di Pisa. Sotto la guida del biorobotico di fama internazionale Paolo Dario, il gruppo si è impegnato a rispettare un codice etico rigoroso, ricco di divieti e di proponimenti. Per cominciare, niente robotica militare, niente autonomia totale alle macchine, no secco ai sistemi di potenziamento delle capacità umane, niente bugie o esagerazioni quando si comunica con il pubblico e con la stampa, bando alla costruzione di robot umanoidi, ammessi soltanto per studiare i modelli umani, nessuna operazione chirurgica attraverso impianti corticali. E poiché i problemi nascono ugualmente, il laboratorio di Pisa si è anche impegnato a svolgere una ricerca scientifica che favorisca l'umanità e in particolare i più deboli. Un bel programma, che potrebbe rappresentare un modello da seguire da parte di tanti altri laboratori di robotica nel mondo.

## Ciborg

Gli sviluppi della biorobotica quando orientati al miglioramento delle funzioni umane sollevano anche una questione morale molta delicata, che secondo gli esperti va presa in seria considerazione. Quando un robot, o comunque una macchina, fosse *dentro* di noi, sotto forma di protesi interna o esterna, quali potrebbero essere le conseguenze sotto il profilo individuale e sociale? Due sono le questioni che saltano subito all'occhio. La prima riguarda l'identità personale e la seconda i "superpoteri" delle persone migliorate dagli impianti robotici o bionici.

Cominciamo dalla prima questione: un essere umano con un impianto è anche un po' una macchina? In realtà, la questione è irrilevante, perché l'unica risposta sensata da dare è che allo stato attuale un essere umano dotato di uno o più impianti è un essere umano con uno o più impianti, nulla di più. Per rilevare le caratteristiche d'*impiantato* possiamo anche chiamarlo "ciborg", ma resta principalmente un essere umano. Come, del resto, un uomo con il *pacemaker* è un uomo con un dispositivo che gli stimola elettricamente il muscolo cardiaco e nessuno si sognerebbe per questo di etichettarlo come ciborg!

Il problema dell'identità ibrida, quella immaginata da Philip Dick nel suo romanzo *Ma gli androidi sognano pecore elettriche?* (1968) e ripresa da Ridley Scott nel film *Blade Runner* (1982), si presenterà semmai in futuro. Quando, per esempio, si arrivasse a

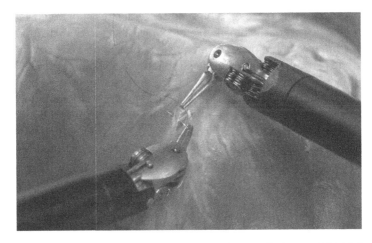

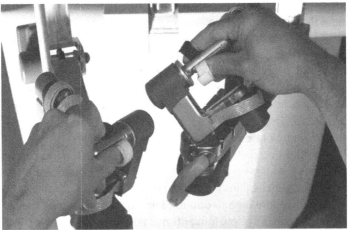

*Il sistema EndoWrist™ del robot-chirurgo Da Vinci. Nella foto in alto, le "mani" robotiche mettono i punti di sutura a un paziente guidate a distanza dalle mani del chirurgo (foto in basso). © 2010 Intuitive Surgical, Inc.*

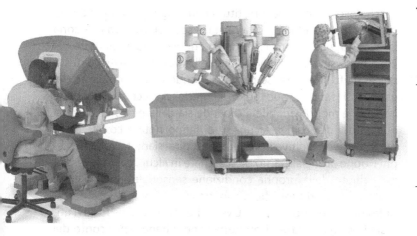

*Il robot-chirurgo Da Vinci®. A sinistra, la consolle da cui il chirurgo interviene a distanza; al centro, il tavolo operatorio; a destra, il monitor che riproduce in tempo reale le immagini dell'operazione chirurgica. © 2010 Intuitive Surgical, Inc.*

costruire robot con organi biologici coltivati in vitro. È una strada molto lontana, impraticabile per la complessità dell'impresa e per certi versi priva di senso. Tuttavia, come abbiamo già visto, all'Università di Reading, in Inghilterra, hanno già provato con successo a utilizzare un "cervello" biologico (un sistema di controllo molto rudimentale) per muovere un piccolo robot a forma di macchinina. Questo tipo di robot "biologico", anche se lontano dalle creature ciborganiche prefigurate in *Blade runner*, apre questioni che al momento sono ai confini della fantascienza. Per esempio, il robot biologico va trattato come una macchina o come un animale? E nel secondo caso, deve avere i diritti degli animali? E se il cervello biologico del robot si evolvesse, potrebbe ciò essere l'inizio di una nuova specie animale? E ancora: in caso di errori o disobbedienza da parte del robot, chi sarebbe il responsabile?

Tornando alla vita di tutti i giorni ci sono problemi ben più urgenti da risolvere e che riguardano da una parte l'accettabilità degli impianti e dall'altra la loro compatibilità con la salute umana. Quanto all'accettabilità, chi ha un impianto nel corpo si sente davvero a proprio agio nella sua condizione ibrida? Per esempio, chi ha perso la vista e si fa impiantare un occhio bionico, che allo stato attuale restituisce immagini innaturali e solo vagamente riconducibili alla realtà, è soddisfatto? Una persona mutilata che ha un braccio bionico, come quello impiantato nel 2006 nella spalla di Claudia Mitchell, la giovane ex-soldatessa dell'esercito statunitense prima al mondo con un impianto del genere, si sente a suo agio? Il grado di accettabilità degli impianti è molto variabile e dipende sia dalla persona sia dalla qualità dei dispositivi. Alcuni studi fanno notare come con le protesi visive o uditive il "vedere" e l'"udire" siano talvolta percepiti troppo artificiali, tanto da scatenare in alcuni casi depressione e rifiuto della propria condizione sensoriale ibrida. Chi ha protesi articolari bioniche o robotiche potrebbe invece percepirle come presenze "aliene". È vero che sono tutti dispositivi utilissimi. Ma già in fase di progettazione è bene tener conto dei problemi nel loro complesso, per conferire il massimo di compatibilità umana agli impianti.

La seconda questione inerente agli effetti degli impianti bionici o robotici nel corpo umano riguarda i "superpoteri" del ciborg. Per esempio, l'atleta bionico va considerato alla stessa stregua di chi fa uso di doping? Alle Olimpiadi di Pechino del 2008 l'ammissione dell'atleta paralimpico sudafricano Oscar Pistorius, che corre grazie a due gambe in fibra di carbonio, suscitò molte perplessità.

Non facciamoci prendere dal fattore umano, quelle gambe artificiali per le loro caratteristiche fanno l'atleta più veloce di un normodotato, ed è quindi iniquo ammetterlo alla competizione.

Era questo il tono espresso dal noto biomeccanico Antonio Dal Monte, dell'Istituto di medicina e scienza dello sport di Roma, chiamato a esprimersi sulla questione. Alla fine il ragazzo, anche se ammesso, non ce la fece a passare la dura selezione d'ingresso alle gare olimpiche. Forse perché, in definitiva, le sue protesi non lo favorirono più di tanto. Ma in prospettiva il problema è aperto: la sperimentazione va avanti e un domani le protesi robotiche saranno molto più efficienti dei comuni impianti bionici di oggi.

E se un giorno le competizioni riguardassero le capacità cerebrali, mnemoniche e intellettive, migliorate con particolari

Un cuore artificiale. Per gentile concessione dell'Istituto di robotica e meccatronica della DLR, l'Agenzia spaziale tedesca

impianti corticali? In tal caso, a scuola come al lavoro, tutto sarebbe sbilanciato a favore dei ciborg. E di conseguenza lo stesso concetto d'identità umana potrebbe subire mutamenti, tanto da generare una sorta di discriminazione a sfavore delle persone normali, che non riuscirebbero più, a quel punto, a competere con i ciborg. Lo scenario, come abbiamo già visto, è senza dubbio inquietante, ma per fortuna, pare che la prospettiva degli impianti corticali sia poco aderente allo stato attuale dello sviluppo tecnologico e finanche lontana dagli obiettivi dei laboratori di ricerca più avanzati.

Oggi, in linea di massima, gli impianti bionici o robotici disponibili sono di due tipi: quelli controllabili direttamente dalla volontà degli impiantati, e quelli non del tutto controllabili, che vivono, come dire, una sorta di vita propria all'interno del corpo umano. Nella prima categoria rientrano gli esoscheletri (come l'armatura Hal e lo zaino Bleex, cui abbiamo già fatto accenno), le protesi articolari (gambe, mani, braccia da impiantare nel corpo, alcune robotiche altre no) e le protesi visive e uditive (che non sono robot, perché non "agiscono", ma aiutano semplicemente la percezione). Questi impianti sono comunque molto utili perché servono a restituire parzialmente funzioni motorie e percettive a chi le ha perdute. Nella seconda categoria rientrano invece i dispositivi che funzionano indipendentemente dalla volontà. Tra questi ci sono i microchip. Non sono robot ma dispositivi d'identificazione a radiofrequenza (*Radio Frequency Identification Device*). Possono essere impiantati sotto pelle e usati in diversi ambiti: come dispositivi di alta sicurezza dei governi; come carta sanitaria fonte d'informazione medica per le persone trapiantate o diabetiche; come "carta d'identità" degli animali in veterinaria e carta di credito alla moda per entrare e pagare il conto nei locali notturni esclusivi (i primi fecero la loro comparsa a Barcellona e Rotterdam).

Pur nella loro probabile utilità i microchip aprono questioni inerenti alla riservatezza dei dati personali e al diritto di vivere senza essere sorvegliati da nessuno. Chi ha un microchip identificativo impiantato nel corpo può essere, infatti, spiato a sua insaputa dalle autorità che possono leggere i dati e da eventuali criminali informatici. Qualche anno fa negli Stati Uniti il popolare *VeriChip* (un microchip usato come dispositivo medico) fu proposto come identificativo del bambino, in caso di eventuali rapimenti o smarrimenti, e dell'anziano che rischia di perdersi per i vuoti di memoria. Ma la proposta commerciale non trovò un mercato adeguato. Nel 2009, sulla scia della paura della pandemia influenzale, lo stesso microchip fu rilanciato con un'integrazione interessante. Un sistema di biosensori capaci di rilevare e segnalare la presenza di agenti patogeni pericolosi per l'organismo umano, quali il virus A-H1N1, responsabile della cosiddetta influenza suina, e l'imbattibile stafilococco aureo resistente agli antibiotici.

## Medici e guerre...

Nel bene come nel male, la robotica militare e la biorobotica sono i due settori della robotica che potrebbero avere più ricadute sociali imprevedibili o disastrose per una parte dell'umanità. È curioso che le due punte di diamante di questa nuova scienza convergano in una prospettiva di rischio molto alto. Forse l'antico proverbio "medici e guerre spopolano le terre" nasconde una saggezza popolare che andrebbe rivalutata. Anche perché, come abbiamo più volte avuto occasione di notare, la posta in gioco potrebbe essere alta. Non è un caso, quindi, se le strade praticabili per ridurre i possibili rischi delle applicazioni robotiche trovino maggiore attenzione in questi due settori di ricerca, piuttosto che in altri.

Ciò nonostante, sembra inaccettabile che il futuro dell'umanità, da sempre segnato dalle ricadute delle applicazioni scientifiche e tecnologiche, debba contare principalmente sulla coscienza e sulla buona volontà dei militari e dei gruppi di ricerca. Quando, invece, di questi problemi dovrebbero occuparsi, a ben alti livelli, la cittadinanza, la società, i governi, e poi di riflesso la politica internazionale con i sui vari indirizzi. Sulla scia del principio di precauzione, che suggerisce di non imbarcarsi in imprese scientifiche la cui sicurezza dei risultati si prospetti azzardata, in Europa qualcosa si muove. La Comunità europea, per esempio, a tutt'oggi non finanzia progetti di robotica militare; non ammette l'uso d'interfacce cervello-computer (come quelle usate per migliorare le funzionalità di persone con gravi malattie neurodegenerative) per alterare l'identità personale o per manipolare le funzioni mentali; e inoltre ha un tavolo di discussione aperto sulla violazione della privacy derivante dall'impiego di strumenti tecnologici, come per esempio i sistemi biometrici di riconoscimento. Certo, l'impegno europeo rappresenta solo una goccia d'acqua nel mare grande del pianeta globalizzato. Ma è già qualcosa. È però evidente che gli accordi andrebbero sottoscritti nel consesso mondiale anche se, come sappiamo, è sempre così difficile farli rispettare.

## Io robot, sono innocente

Forse la robotica è ancora troppo giovane perché lasci il segno nella direzione della prevenzione dei possibili esiti negativi. E in effetti, gli organismi internazionali sono chiamati a occuparsi di rischi ben più concreti rispetto a quello robotico. In particolare ci si preoccupa a livello mondiale di prevenire i rischi derivanti dalla diffusione accidentale o intenzionale di materiale biologico molto pericoloso (vi ricordate la paura dell'antrace, della mucca pazza e del vaiolo?), di sostanze chimiche tossiche (come la diossina, il mercurio), di materiale radioattivo e nucleare e di bombe atomiche. Tutte queste sostanze e materiali, in buona parte frutto della ricerca scientifica e tecnologica, hanno già provocato danni gravissimi e irreversibili all'ambiente e agli animali umani e non umani che ne fanno parte.

Viene allora spontaneo chiedersi che sarà mai a confronto delle tante calamità imminenti il rischio derivante dalle applicazioni robotiche. Forse, per destare l'interesse dovuto da parte della società civile, dei governi e degli organismi internazionali bisognerà attendere che i robot provochino qualche disastro, così da innescare la solita strada dell'emergenza. Noi sostenitori della robotica di buona applicazione, speriamo con tutto il cuore che circostanze del genere non debbano mai verificarsi. Ma nel qual caso, nessuno potrebbe prendersela con i robot, né giustificarsi dicendo che la catastrofe non era prevedibile.

# Bella come una principessa!
## Comunicare con l'umanoide fa bene

*La caratteristica più stupefacente del bambino autistico è la sua lotta spettacolare contro ogni richiesta di contatto sociale, umano.*
Margaret Mahler

Una mamma sorride al suo bambino. Il piccolo ha solo qualche giorno, ma già partecipa fisiologicamente ed espressivamente a quel sorriso, che fa suo, sorridendole a sua volta. Da questi primi scambi con il mondo esterno comincia a svilupparsi quell'essere sociale, capace di condividere un codice di comunicazione comune e di partecipare ai sentimenti dell'altro. Ma per i bambini autistici non è così. Non sappiamo ancora di preciso perché. Forse è per un deficit del sistema dei neuroni specchio, che, come abbiano già accennato, pare costituisca la base fisiologica dell'empatia. Comunque sia, gli autistici vivono in un mondo misterioso, isolato, privo in apparenza delle più comuni forme di comunicazione empatica con gli altri esseri umani. Ciò nonostante, così com'è per tutti i bambini, ai piccoli autistici piacciono i giocattoli meccanici, piacciono i robot. Allora, per stimolare le loro capacità comunicative, i centri terapeutici più all'avanguardia utilizzano queste macchine come "mediatori culturali". Pare che la semplicità dei robot, o almeno la loro ridotta complessità rispetto agli esseri umani, aiuti questi bambini a interagire con il mondo esterno e anche umano. Di esperimenti del genere ce ne sono molti in corso e i centri di riabilitazione utilizzano una grande varietà di robot. Nella maggior parte dei casi hanno una forma comune e semplice, come *Keepon*[1], il cui aspetto ricorda un pulcino. Ultimamente ci si spinge anche a impiegare macchinari dalle forme più complesse, come bambole e bambolotti (per esempio, *Kaspar*[2]) e animali molto verosimili, come la foca *Paro*, di cui abbiamo già avuto occasione di parlare.

Nessuno però, nella terapia riabilitativa, si era spinto finora a usare un umanoide verosimile per capire come il cervello dei bambini autistici processi le informazioni sociali ed emotive, alla ricerca di un modello clinico di riabilitazione utile che li aiuti a comunicare con il mondo esterno. A tentare questa strada nuova è un gruppo di ricerca coordinato dall'Università di Pisa, con un progetto in continuo sviluppo denominato *Face* (*Facial automaton for conveying emotions.)*[3]. Face è un sistema robotico *wireless* che si compone sostanzialmente di quattro parti: un umanoide dalle sembianze di una donna capace di riconoscere, circostanza per circostanza, le espressioni facciali del bambino e di rispondergli con espressioni sue proprie; una maglietta e un cappello sensorizzati (che costituiscono una *wireless body area network*) indossati dal paziente e dotati di sensori di vario tipo, in grado di registrare tutti i movimenti dell'umanoide e del bambino (anche quelli fisiologici, come il battito cardiaco e il respiro); altri sensori ambientali che registrano la scena della terapia, e infine un sistema di controllo che governa il tutto servendosi anche di reti neurali artificiali. Il robot, nel suo complesso, riesce a capire quando le sue azioni riescono a produrre un effetto benefico sul bambino e quando invece non danno risultati. Naturalmente il modello del comportamento del robot è impostato sulla base delle indicazioni del medico.

Oggi questo sistema robotico è impiegato per la terapia comportamentale e riabilitativa dei bambini autistici all'Istituto scientifico per la neuropsichiatria dell'infanzia e dell'adolescenza "Stella Maris" di Pisa. Nel corso delle sedute, condotte nella stanza "robotizzata" alla presenza di un terapista, i bambini tendenzialmente accettano l'umanoide, lo guardano, imitano spontaneamente le sue espressioni, gesticolano e cercano il contatto visivo. Benché possano sembrare esiti di poco conto, per un bambino autistico costituiscono un risultato importante. Tuttavia, non possiamo ancora dire se i risultati positivi ottenuti nel breve termine perdurino nel tempo e se i bambini tornando a casa dimentichino i loro successi ricadendo nell'isolamento. C'è incertezza anche sull'efficacia della terapia: i bambini potrebbero "imparare" a comunicare con le macchine e continuare a ignorare il mondo umano. Per i ricercatori, i medici e i terapisti del gruppo di Pisa vale comunque la pena di tentare questa strada nuova, anche perché, oltre agli obiettivi terapeutici, la sperimentazione potrebbe far luce sulle cause fisiologiche dell'autismo.

Ciò che salta subito all'occhio di questo sistema robotico è il corpo dell'umanoide dal volto di donna. La sua costruzione è stata lenta, laboriosa, in continuo sviluppo. Il primo prototipo era soltanto l'abbozzo di una figura femminile; il secondo era piuttosto verosimile ma non del tutto accettabile sotto il profilo estetico; il terzo e ultimo è la copia identica di una bella signora. È un processo graduale di avvicinamento estetico e comportamentale al modello umano, che dai laboratori di ricerca ci riporta alla bottega d'arte, al quel calore impetuoso della lavorazione artigianale e artistica. Lì, dov'è stato costruito il corpo del secondo prototipo di *Face*, la cui lavorazione ci ha particolarmente incuriosito, si scorgono le immagini dell'anatomia umana, il teschio, il tornio, la creta, le mani sporche... Lì, nella bottega, si comprende bene come il corpo umanoide del robot prenda forma dall'attività creativa e manuale dell'artigiano-artista, impegnato fin dalla notte dei tempi a riprodurre la figura umana studiandone l'anatomia e le capacità espressive.

Nella lavorazione di questo umanoide colpisce il connubio tra arte e tecnologia, tra attività creativa e progettuale, che sempre s'innesca nel tentativo di riprodurre la figura umana a livelli così elevati di verosimiglianza. Ma da dove si comincia quando si tenta un'impresa così ardita? Quali problemi s'incontrano? A quali frustrazioni si va incontro? E fin dove ci si può spingere? Lo abbiamo chiesto al bioingegnere Marcello Ferro, oggi ricercatore al CNR di Pisa, fino a ieri impegnato con il Centro interdipartimentale "E. Piaggio" nel progetto *Face*. Ferro ci parla del secondo prototipo di *Face* al femminile e con il suo racconto ci svela i segreti, le soddisfazioni, le difficoltà e i risultati talora fin troppo deludenti del *rifare l'umano*.

## Marcello Ferro: il corpo di Face

### Lo sguardo, il sorriso, la carne e le ossa

"Prima il teschio e le vertebre cervicali, poi i fasci muscolari che determinano le espressioni del volto, come il sorriso, e infine la pelle, con i suoi spessori e le sue elasticità molto variabili. Con Danilo De Rossi e Giovanni Pioggia, abbiamo cominciato con lo studio dell'anatomia umana. L'idea di uno studio anatomico così approfondito non è stata nostra, ma di Piero Marchetti, lo scultore dell'Accademia di Belle Arti di Carrara cui abbiamo affidato la progettazione della parte corporea del secondo prototipo di Face. D'altronde noi del gruppo di ricerca da soli non ce l'avremmo mai fatta: il primo prototipo, costruito da noi, è un fantoccio molto brutto!"

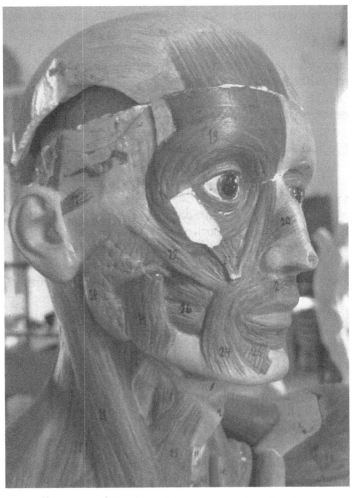

*Lo studio dei muscoli, di fondamentale importanza per la realizzazione della parte corporea del secondo prototipo di Face. Per gentile concessione del Centro interdipartimentale "E. Piaggio" dell'Università di Pisa*

## Bella, espressiva, quasi umana

"Il nostro obiettivo era di migliorare Face, dandole il volto verosimile di una donna generica, non troppo caratterizzata e con la capacità di esprimere le sette emozioni umane di base riconosciute universalmente: felicità, tristezza, paura, rabbia, sorpresa, disgusto, disprezzo e, naturalmente, assenza di espressione. Così il maestro Marchetti ha realizzato un modello neutro. È partito dal sorriso di una modella, dagli occhi di un'altra donna, dalla fronte di un'altra persona ancora, e così via, un po' come si fa con il modello tridimensionale dell'identikit. Se lo scultore avesse usato il modello di una sola donna l'effetto estetico sarebbe stato disastroso: trattandosi di un volto dinamico, cioè capace di attuare movimenti, l'innesto delle parti meccaniche avrebbe reso comunque la maschera differente dall'originale".

## Prima di tutto lo scheletro

"Abbiamo riprodotto il cranio con la tecnica del calco e del negativo a partire da un modello reale, perché volevamo restare fedeli all'anatomia umana. Poi ci siamo messi a studiare con molta attenzione i fasci muscolari coinvolti nella mimica facciale. Sono tantissimi, centinaia. Chiaramente tutta questa complessità doveva essere ridotta senza compromettere l'espressività di base di Face. Abbiamo allora fatto riferimento al più diffuso codice dei movimenti facciali umani di base, il FACS *Facial Action Coding System*, elaborato dallo psicologo statunitense Paul Ekman nel 1978. In pratica ogni muscolo è associato a una codifica, un'unità d'azione, e all'interno di questo strumento, il FACS, con una serie di combinazioni di muscoli si arriva all'esecuzione dei sette movimenti che determinano le espressioni facciali di base".

## I tendini, per muovere i muscoli

"Il cranio, ricoperto da uno strato di tessuto intermedio su cui scivola la pelle artificiale, presenta alcuni punti chiave cui sono ancorati i fili che simulano i tendini dei muscoli, e che dai piccoli perni sulle ossa facciali finiscono all'interno del teschio. Per esempio, un tirante ancorato allo zigomo tendendosi si porta dietro la pelle,

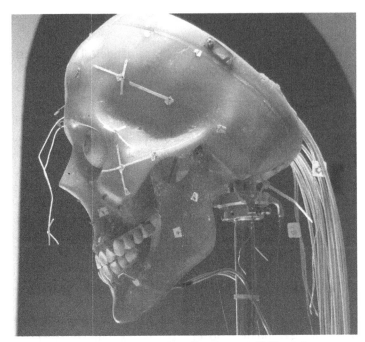

*Il teschio con i tiranti (Fonte: Centro interdipartimentale "E. Piaggio" dell'Università di Pisa)*

determinando un'espressione di sorriso. La scatola cranica, oltre a fare da centralina per i tiranti, è anche il contenitore dei motorini elettrici che li azionano. Il cervello artificiale, simulato da un computer, è invece esterno al busto di Face".

## La cute, elastica e delicata

"Ed ecco la pelle, sembra vera ed è abbastanza resistente. È di un silicone particolare... Per plasmarla su Face sono state fatte molte colate di schiuma sul negativo del modello scultoreo in creta, che è di resina e costituisce il calco originale del volto di Face. Poi, una volta asciutta, la pelle è stata posata sul teschio trattato con la guaina intermedia. A tenerla ferma sono solo i tiranti, un po' come la nostra cute, quindi per sostituirla basta soltanto sfilarla via, come si fa con una maschera. Poiché lo spessore e l'elasticità della pelle sono molto importanti per determinare l'espressività umana, siamo stati molto attenti a riprodurne fedelmente le caratteristiche per ogni area del volto. Per esempio sulla fronte la pelle è più sottile che sulla guancia. Ma la fedeltà all'originale umano la rende tanto delicata".

## E, infine, la capacità espressiva

"Abbiamo lavorato molto sul movimento degli occhi, che è governato da un sistema di doppi tiranti, in senso longitudinale e trasversale. Il meccanismo replica la meccanica biologica, e, grazie al controllo del computer, si evita ogni sensazioni di strabismo. Anche il muscolo del sorriso sullo zigomo e quello del corrugatore, che si trova sulla fronte tra gli occhi e determina l'aggrottamento, sono molto verosimili".

## Muoversi in libertà

"Un robot che sa roteare il collo sul suo asse conico in senso longitudinale a destra e a sinistra ha un grado di libertà; se sa fare anche il movimento verticale, su e giù, ne ha un altro. Per gli occhi è la stessa cosa. Quindi un robot che sa muovere gli occhi e il collo ha quattro gradi di libertà. Per garantire la libertà di movimento delle parti meccaniche di Face servono però tanti motorini. Ce ne vogliono due solo per far muovere il collo, a destra e a sinistra. Per muovere i movimenti di collo e occhi nei loro quattro gradi di libertà ci vogliono in tutto otto motorini. È un bell'ingombro!"

## Muscoli e motori, per esprimere emozioni

"Se volessimo riprodurre tutti i muscoli facciali umani ci vorrebbero duecento motorini elettrici. Ma non si potrebbero alloggiare nella scatola cranica di un umanoide verosimile! Non potendoli miniaturizzare più di tanto, ci siamo allora accontentati di ridurne il numero a ventisei, che corrispondono a circa quattordici gradi di libertà. Le espressioni che Face può mimare (felicità, tristezza, paura, rabbia, sorpresa, disgusto, disprezzo e assenza di espressione) non dipendono però dai gradi di libertà, ma dai movimenti dei tiranti, modulabili in intensità dal sistema di controllo. Si può determinare per esempio un sorriso lieve oppure un po' più marcato, con diverse sfumature".

## È la testa che conta

"In origine erano previste anche le braccia, anzi un solo braccio per la verità. Ma poiché dal punto di vista meccanico ed estetico la realizzazione di questa parte anatomica comporta in definitiva meno problemi rispetto al volto, abbiamo deciso di rimandarla a quando il viso sarà perfetto. Quando Face avrà le braccia, sarà dotata di un sistema di controllo che le impedirà di colpire le cose, le persone e anche se stessa. Il suo sistema di controllo già evita che gli occhi si muovano in modo indipendente l'uno dall'altro. E così un domani, grazie a calcoli di cinematica inversa, controllando e integrando le informazioni del mondo esterno così come il suo sistema le percepisce, Face cercherà anche di prevedere le possibili collisioni, per evitarle. In questo caso occorrerà naturalmente dotarla di sensori visivi e di sensori tattili".

## Che effetto, ingegneri e artisti al lavoro!

"Abbiamo lavorato in una stanza di un grande *hangar* dell'Accademia di Belle Arti di Carrara. Per noi ingegneri l'ambientazione non era familiare, c'erano gessi dappertutto... All'inizio con gli artisti non ci capivamo: lavorando in ambiti disciplinari differenti, ognuno parlava il proprio linguaggio ed è stato necessario stabilire un codice di comunicazione comune. Da una parte, noi del gruppo di ricerca ci siamo confrontati con i limiti oggettivi della progettazione artigianale: l'importanza dei materiali, per esempio; inoltre non sapevamo quanto si potesse fare concretamente da un punto di vista artistico. D'altra parte gli artisti, che avrebbero voluto veder materializzate le loro bellissime idee, si sono invece dovuti limitare a una creazione compatibile con le varie strumentazioni di Face (il computer, i motorini elettrici, i cavi, ecc.) e con i suoi limitati gradi di libertà".

## Il bambino è dentro il robot

"Quando Face è al lavoro, siamo davanti a un robot per così dire «espanso», munito di alcuni sensori collocati sul suo corpo, un sistema di microfoni ambientali e una serie di sensori esterni "indossati" direttamente dal paziente. Tutti i dati registrati finiscono nel sistema di controllo della macchina, tramite protocolli di comunicazione *wireless*. Face, usata sempre alla presenza del terapista, in remoto o in automatico. Nel primo caso l'operatore (non il terapista) può manovrarla come se fosse una marionetta, azionando le leve di un programma per muovere il collo o gli occhi, per sorridere e via dicendo. Nel secondo caso, il sistema procede in modo automatico, senza l'intervento dell'operatore: un algoritmo particolare individua la direzione dello sguardo del bambino e il sistema fa muovere la testa di Face facendole volgere lo sguardo verso il suo interlocutore. Ciò è possibile grazie alle telecamere nascoste in un cappellino indossato dal paziente, e collegate in *wireless* al sistema di controllo".

## Insieme, con lo sguardo, il respiro, la tensione, il cuore

"Poiché il comportamento di un bambino autistico ha le sue particolarità, è importante registrare costantemente il suo sguardo per capire dove e cosa guarda. Quando ci rivolgiamo a una persona, di solito la guardiamo in volto; il bambino autistico guarda invece verso le cose in movimento, senza attribuir loro troppo significato. Oppure ti guarda fisso in direzione della bocca, anche quando nell'ambiente circostante succedono cose che richiedono attenzione. Con il terzo prototipo di Face è anche possibile seguire e tenere traccia della cosiddetta "attenzione condivisa". Per esempio il terapista, guardando in direzione del giocattolo, si rivolge al bambino dicendogli: "guarda com'è bello questo giocattolo!"; se anche il bambino guarda verso l'oggetto in questione vuol dire che c'è un segnale di *attenzione condivisa*. Nel nostro caso Face si accorge subito in quale direzione sta guardando il paziente, e in maniera automatica capisce se c'è attenzione condivisa oppure no. Nel corso della seduta terapeutica Face registra anche i dati fisiologici del bambino: la frequenza respiratoria, quella cardiaca tramite un elettrocardiografo, l'attivazione muscolare tramite un elettromiografo. Il bambino indossa, infatti, una maglietta che registra tutti i dati fisiologici e di altro tipo e li invia al sistema di controllo del robot".

### Bella come una principessa!

"I bambini sono molto interessati a Face, la trovano bella e ciò costituisce per noi un grande risultato terapeutico! «È bella, sembra una principessa!», ha detto tempo fa un piccolo paziente riferendosi al primo prototipo (che peraltro è molto brutto!). Le persone affette da autismo difficilmente si esprimono così, eppure è accaduto. Chissà, forse è stata la semplicità della macchina ad aiutare il bambino a esprimersi con un giudizio estetico".

### Quella valle oscura, in cui il robot è ripugnante

"Secondo l'ipotesi dell'*Uncanny valley* di Masashiro Mori man mano che la complessità aumenta la reazione al robot si modifica. Le riproduzioni stilizzate delle emozioni sono accettate dalle persone. Tuttavia man mano che si sale di complessità c'è una caduta del gradimento e solo quando la forma umana diviene molto verosimile c'è di nuovo accettazione e simpatia nei confronti dell'umanoide. Ecco, in quell'intervallo, in quella "valle", il robot è al contempo complesso e brutto. Personalmente, a dispetto del nostro impegno, credo che il secondo prototipo di Face ricada in pieno nella valle di Mori e quindi dobbiamo assolutamente superarla. Anche se per la verità finanche restare nell'*Uncanny valley* costituisce per noi una scommessa. I bambini affetti da autismo potrebbero, infatti, gradire Face e disinteressarsi alla "ripugnanza" che essa evoca. Ovviamente per esserne certi dobbiamo sperimentarlo. Per valutare quale livello di verosimiglianza si adegui meglio alla terapia, abbiamo realizzato già un terzo prototipo, molto più simile a una donna. L'ha costruito nella sua parte corporea la società statunitense *Hanson Robotics* di David Hanson. Loro hanno la tecnologia adatta per migliorarne l'aspetto".

### Riprodurre la bellezza, una sfida impossibile!

"Riprodurre un volto umano mobile, espressivo e al contempo esteticamente gradevole è di una difficoltà inimmaginabile. Credo che sia una delle imprese più complesse da realizzare in robotica, una vera e propria sfida con se stessi. Personalmente, non ho una preclusione nei confronti dei robot dalle sembianze

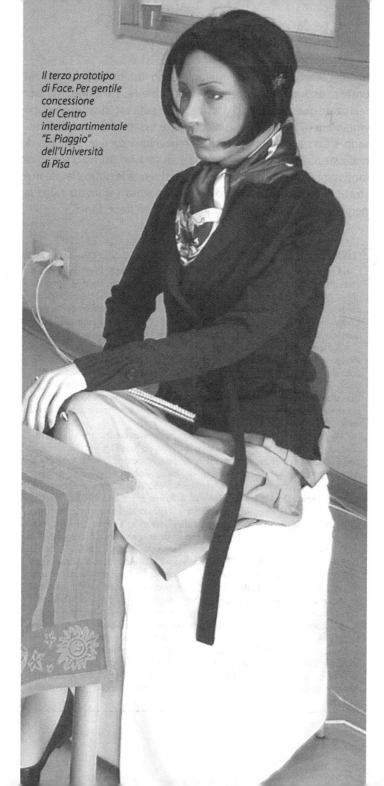

Il terzo prototipo di Face. Per gentile concessione del Centro interdipartimentale "E. Piaggio" dell'Università di Pisa

umane. Anzi, credo che interagire con un umanoide sia più umano, escludendo la valle del perturbante, s'intende. Ma per realizzare questi robot nella loro complessità estetica occorre una vita intera di lavoro e di studio; occorre essere artisti ed è necessario affrontare i problemi della verosimiglianza e le difficoltà di realizzazione della parte meccanica. Questa, infatti, ha bisogno di tantissimi motorini, molto piccoli. Considerate le difficoltà e le frustrazioni a cui si va incontro, credo che tutto sommato valga la pena di affrontarle solo quando sia davvero necessario!"

## NOTE

[1] *Keepon* è composto di due sfere gialle sovrapposte l'una sull'altra e somiglia a un pulcino dal volto semplicissimo, raffigurato da due bottoncini per gli occhi e un altro per il naso. Rientra nella categoria dei robot danzanti ed è stato sviluppato dal *National Institute of Information and Communications Technology* (NiCT) del Giappone. Oggi *Keepon* è impiegato dallo psicologo Ideki Kozima per la terapia dei bambini autistici.

[2] *Kaspar* (acronimo di *Kinesics And Synchronisation in Personal Assistant Robotics*) dall'aspetto di un bambolotto meccanico è stato realizzato dall'Università di Hertfordshire, in Gran Bretagna, nell'ambito del progetto europeo IROMEC, *Interactive Robotic Social Mediators as Companions*. È stato impiegato anche nella prevenzione del fenomeno del bullismo, molto diffuso nell'isola. Al robot è dedicata anche una pagina web: http://kaspar.feis.herts.ac.uk.

[3] Al progetto *Face (Facial automaton for conveying emotions)*, coordinato dal *Centro interdipartimentale* "E. Piaggio" dell'Università di Pisa, partecipano, per la Sezione medica: Filippo Muratori, *Fondazione Stella Maris*, professore dell'Università di Pisa, Roberta Igliozzi e Sara Calderoni, ricercatrici della *Fondazione Stella Maris*; per la sezione di bioingegneria: Danilo De Rossi e Arti Ahluwalia, professori all'Università di Pisa; Giovanni Pioggia, ricercatore all'*Istituto di fisiologia clinica* del CNR di Pisa e professore aggregato dell'Università di Pisa; Lucia Billeci, Antonino Armato, Daniele Mazzei, dottorandi in Bioingegneria dell'Università di Pisa; Marcello Ferro, assegnista di ricerca al CNR; per la sezione artistica: Piero Marchetti, Professore dell'*Accademia di belle arti di Carrara* e il suo direttore Marco Baudinelli; David Hanson, alla guida dell'*Hanson Robotics*, Dallas, USA. L'obiettivo del progetto è di realizzare un sistema integrato basato su un robot umanoide e sistemi indossabili per la rilevazione di correlati fisiologici e comportamentali. Lo studio è centrato sulle competenze sociali, quali l'orientazione dello sguardo durante l'interazione sociale, l'imitazione e il riconoscimento delle espressioni facciali. Il gruppo di ricerca intende così arrivare a definire un protocollo clinico di riabilitazione basato sull'imitazione e l'uso pragmatico della reciprocità sociale ed emotiva. Coordina il gruppo di ricerca Danilo De Rossi, professore ordinario di Ingegneria biomedica alla Facoltà d'ingegneria dell'Università di Pisa.

# Ciao Robot
## Un film sulla roboetica

*Per noi un robot ha pressappoco questo aspetto: crediamo che abbia le gambe e le braccia... e pensiamo che debba avere un volto simile al nostro.*

Sull'immagine di un bambino intento a disegnare un umanoide, partono le prime battute di una voce fuori campo. La stessa che qualche secondo dopo riferisce che la parola *robot* nasce dalla fantasia di Karel Čapek, uno scrittore boemo nato sul finire dell'800, che li concepisce come schiavi costruiti dall'uomo. Le immagini di un dialogo di scena di RUR, la sua opera teatrale, lasciano intendere il dramma che ne scaturirà: quei robot hanno un'anima e prima o poi si ribelleranno! Di colpo compare la più rassicurante realtà di una fabbrica. Alla catena di montaggio macchinari ingombranti assemblano per la prima volta e con destrezza i pezzi delle automobili: lavorano al posto degli operai e si chiamano robot, come le creature di Čapek. Correva l'anno 1961. Ma da allora molto è cambiato e oggi *i robot sono macchine intelligenti, capaci di assumere decisioni...* e la voce fuori campo annuncia l'arrivo degli alieni.

È il prologo di *Ciao Robot. La nascita della roboetica*, il primo documentario italiano sui robot, nato da un'idea del robotico Gianmarco Veruggio e prodotto dai ricercatori della *Scuola di robotica* in collaborazione con la *Wodan produzioni*. È un esempio raro di comunicazione al vasto pubblico della robotica, che come abbiamo visto, è uno dei campi più complessi, multidisciplinari e trasversali della scienza. Tanto che per la sua intrinseca pericolosità viene quasi naturale legarla strettamente alla riflessione morale. Perché, come recita la voce fuori campo:

I robot nascono dalla ricerca scientifica ed ogni ricerca può avere risvolti inaspettati e pericolosi.

# La scheda del film

Titolo: "Ciao robot, la nascita della roboetica"; Nazione: Italia; Anno: 2008; Genere: documentario; Durata: 52'; Produzione: Scuola di robotica e Wodan produzioni; Soggetto: Fiorella Operto e Gianmarco Veruggio; Sceneggiatura: Pietro Zoboli e Manuel Stefanolo; Organizzazione: Emanuele Micheli; Direzione di produzione: Fiorella Operto; Montaggio e regia; Manuel Stefanolo.
Trama: quattro storie di robot amici per raccontare chi sono queste macchine e cosa sono in grado di fare.

Scorrono le immagini e dai robot della fantasia si giunge a quelli della realtà. Eccoli, li vediamo rendersi utili, in alcune occasioni sembrano indispensabili… ma non sono né buoni né cattivi, sono *robot!*

In un collage elegante di immagini, filmati originali e di repertorio, foto d'epoca, riprese di robot al lavoro, scene teatrali, interviste a esperti di fama mondiale, s'incorniciano alcune storie concrete di fratellanza e simbiosi tra esseri umani e robot. La prima racconta della gamba bionica dell'atleta paraolimpico Stefano Lippi e della speranza che un giorno tutte le persone come lui possano contare su arti robotici, magari controllabili direttamente con la mente. La seconda è una vicenda di solidarietà tra forze armate già contrapposte: agosto 2005, un batiscafo russo resta incagliato tra i cavi d'acciaio nelle profondità del mare, all'ultimo secondo il robot britannico *Scorpio* salva loro la vita, tranciando i cavi d'impaccio con le sue potenti cesoie. È poi la volta dei piccoli robot che Robin Murphy porta all'alba del 12 settembre 2001 sulle macerie di *Ground Zero*, nel vano tentativo di trovare un cenno di vita umana… Poi si narrano le imprese del robot *Wheelbarrow* in Afghanistan: rintraccia le micidiali mine antiuomo e ogni genere di esplosivo sotto la guida attenta dell'Aeronautica militare italiana. Con un cambio radicale di scena si passa alla chirurgia. Ed ecco che senza neppure un taglio il bisturi sottilissimo del robot-chirurgo *Da Vinci* asporta un brutto tumore a un signore di mezza età. Non poteva mancare il flagello dell'umanità, la guerra, che trasforma il buon *Wheelbarrow* in un soldato che uccide con precisione, guidato a distanza dalla spietata mano umana. E infine, uno stacco. Una forte esplosione, quel fungo biancastro che si alza nell'aria, la voce lontana del presidente Truman… *È il 6 agosto 1945, nasce l'era atomica e il mondo cambia per sempre*, batte la voce fuori campo. È il grido di dolore della coscienza che si ribella al delitto commesso contro l'umanità per mezzo della scienza.

Un bel documentario, costruito con tante voci, poche verità e molte domande difficili. Solo una lieve dissonanza si percepisce a tratti nelle immagini che scorrono: l'idea ingenua che basti informare correttamente la gente, magari senza spaventarla troppo, per garantire l'approvazione del pubblico su quanto gli scienziati possono e dovrebbero fare per il bene dell'umanità. Ironia della sorte, il film è rimasto confinato nel perimetro dei festival della scienza e non è giunto al pubblico vasto attraverso il canale che più gli si attaglia, la tv. Peccato, perché per la sua semplicità, che come sempre cela un'impresa titanica, il pubblico lo apprezzerebbe. Ecco perché abbiamo chiesto al registra Manuel Stefanolo di parlarci del film da lui diretto.

*Il robot Wheelbarrow dell'Aeronautica Militare italiana sul set di "Ciao Robot". Per gentile concessione di Manul Stefanolo*

*Manuel Stefanolo, com'è riuscito a ridurre la sterminata complessità della robotica?*

Ho invitato la Scuola di robotica, che ha coprodotto il film, a semplificare, raccontando cose concrete, parlando di robot specifici e mai di robot in generale. E così, insieme, abbiamo scelto di mostrare qualche robot al lavoro, di raccontare le storie di alcune persone che vivono a stretto contatto con questo genere di macchine.

Abbiamo anche deciso di diluire all'interno della narrazione i discorsi teorici, applicativi ed etici. Senza storie concrete sarebbe stato difficile parlare di robot. D'altronde utilizzando solo le interviste avremmo annoiato il pubblico, anche intercalandole, per esempio, con una voce fuori campo e con immagini di contorno.

*Basta qualche storia sporadica a farci comprendere il senso transdisciplinare della robotica?*

C'è un'idea di fondo alla base del film, quella di far vedere come queste macchine siano impiegate comunemente, pur nascendo dalla fantascienza. Certo, i campi d'applicazione sono talmente tanti da non poterne parlare in termini generali nei 52 minuti di durata del documentario. I robot industriali, per esempio, hanno funzioni, vantaggi e problemi molto diversi dai robot militari, e parlarne nel medesimo contesto narrativo è difficile. Avremmo potuto occuparci di robot e archeologia, di robot e sesso, di robot e mare. Ma tra i numerosi campi d'applicazione alla fine abbiamo scelto la protesica, la chirurgia, la protezione civile e la guerra.

*Perché?*

È una scelta condizionata soprattutto dalla possibilità di trovare una storia da raccontare. Per esempio, per la robotica industriale non abbiamo trovato una storia interessante da raccontare. Invece la vicenda dell'equipaggio del sottomarino russo rimasto intrappolato in fondo al mare in agosto del 2005 salvato da un robot inglese l'avevamo già tra le mani. È stato il capitano della marina britannica Riches, che ha eseguito l'intervento, a darci le immagini girate dal robot. E così le abbiamo utilizzate nell'episodio dedicato alla protezione civile.

*Come sono nate le altre storie?*

Ci interessava il tema del doping tecnologico quindi abbiamo chiesto a Stefano Lippi, l'atleta italiano senza una gamba, campione di salto in lungo alle paraolimpiadi, se voleva collaborare. Ha accettato perché, guarda caso, stava sperimentando su se stesso un nuovo ginocchio robotico che si muove automaticamente. Siamo andati a Bologna, al centro protesi che lo ha in cura e abbiamo fatto le riprese. È stato interessante per noi perché ci siamo resi conto dell'esistenza di un mondo parallelo. Quando si entra in un centro protesi tutti sono amputati. Fa impressione, perché molti sono giovani. Sulle pareti dei muri sono affisse le pubblicità degli arti robotici, accanto alle gigantografie dell'atleta paraolimpico.

*Avete scelto la storia di Stefano Lippi anche perché tocca il cuore della gente?*

Per la verità in principio volevamo narrare la storia di Kevin Warwick, il professore di cibernetica dell'Università di Reading che si è fatto impiantare i microchip nel corpo. Ci ha raccontato momento per momento il suo esperimento nel corso di una lunga intervista. Ma poi nelle fasi successive della lavorazione del film non ci ha facilitato il lavoro, ha avuto difficoltà nel concederci le immagini. Così ci siamo rivolti a Lippi, per farci raccontare il suo rapporto tra nervi e macchina.

*La storia dell'uomo che viene operato dal robot-chirurgo come l'avete trovata?*

Quello biomedico è uno dei settori d'applicazione più promettente della robotica e volevamo trattare il tema. Allora ci siamo messi in contatto con il chirurgo robotico Giberti, dell'ospedale San Paolo di Savona, uno dei pochi in cui si praticano questo genere d'interventi. Ha accettato di buon grado la collaborazione, trovando lui stesso il signor Corrado, il paziente operato alla prostata con il robot *Da Vinci* e che ha fatto da protagonista nell'episodio. Abbiamo girato per tre giorni e mezzo, ma ci sono voluti tre mesi di tempo per organizzare il tutto. Però sono rimasto un po' deluso perché al signor Corrado interessava ben poco che fossero le pinze del celebre robot *Da Vinci* a intervenire nel suo corpo, e non direttamente le mani del chirurgo!

*Sul set di "Ciao Robot": il robot artificiere dell'Aeronautica Militare italiana alle prese con un pacco bomba collocato in un'automobile. Per gentile concessione di Manul Stefanolo*

*L'episodio sulla protezione civile è un collage di piccole storie toccanti: Ground zero, il sottomarino russo, gli italiani in Afghanistan. Ma nella parte dedicata alla guerra manca una storia. Perché?*

Sinceramente, non l'abbiamo trovata. D'altronde non era facile, considerato il tema. Per la mancanza di una storia l'episodio sulla guerra è stato il più complesso da realizzare. E d'altronde dovevamo parlarne, per la sua importanza. Abbiamo dovuto far ricorso alla voce fuori campo e alle immagini di guerra, che per fortuna siamo riusciti ad ottenere.

*Nel documentario però non emerge il disappunto per la guerra. Perché?*

È stata una scelta. È facile mettersi contro la guerra, il cui solo pensiero è moralmente inaccettabile. Però se si controbatte in modo approssimativo si rischia di vedersi smontata la tesi dal proprio avversario. Per esempio, le armi robotiche sono comunque più precise di quelle tradizionali e fanno meno danni e meno vittime. L'interlocutore te lo potrebbe ricordare, smontando la tua argomentazione pacifista in un batter d'occhio. E poi, se dico a Ronald Arkin, il robotico statunitense esperto di guerra intervistato, che la guerra non è etica neppure con i robot, lui controbatte facendo notare che gli uomini la guerra se la sono sempre fatta, quindi tanto vale fare meno vittime possibili utilizzando i robot. Credo che su temi molto controversi, come quello della guerra, in un film sia meglio non schierarsi, inserendo soltanto qualche elemento di dubbio, lasciando che sia lo spettatore a tirare le somme.

*Le argomentazione dei robotici favorevoli alla guerra tecnologica sono molto convincenti?*

Sì, certamente. E sono molto preparati. Ronald Arkin è anche un comunicatore di prim'ordine. Risponde brillantemente con frasi semplici e dirette alle domande più imbarazzanti, senza mai tirarsi indietro. È lui il primo a rilevare l'importanza delle questioni etiche, a dire che i robot servono per rendere meno cruenta la guerra. Anche Cino Robin Castelli, il direttore della *Macroswiss*, una società che produce armi robotiche, nell'intervista mette l'accento sulla questione umanitaria. A un certo punto del film Castelli dice che un robot distrutto nel corso di un'operazione di guerra lo si può sostituire con un altro riacquistandolo, mentre la perdita anche di un solo uomo è irreparabile. Una comunicazione di questo tipo ha un grande impatto emotivo sulla gente e fa perdere di vista un dato di fatto ben più importante: i robot bellici sono progettati appositamente per uccidere.

*È una scelta non far emergere il punto di vista del narratore?*

Nel girare il film ho sempre fatto in modo che il mio punto di vista etico non emergesse. Ho sempre cercato di fare il possibile per delegare all'intervistato l'opinione. Anche con il montaggio ho seguito lo stesso stile. Per esempio, non ho mai fatto parlare uno scienziato favorevole alle armi robotiche e subito dopo uno scienziato pacifista che lo smentisse, o viceversa.

*Cosa c'è che non va nella tecnica del contraddittorio?*

In quel caso è sempre il punto di vista del secondo interlocutore che emerge con più forza, e non quello del primo. Ho preferito il punto di vista dello spettatore: è lui che si deve fare un'idea personale sulle conseguenze morali delle applicazioni robotiche. Come regista non posso suggerire una soluzione, sarebbe facile, ma intellettualmente disonesto.

*Perché avete utilizzato il simbolo della bomba atomica come riferimento alle conseguenze disastrose delle applicazioni tecnologiche?*

In origine era prevista anche una parte dedicata alla clonazione umana. Rivedendola però ci è sembrata una sorta di ripetizione della bomba atomica. Diciamo che il dramma di Hiroshima e Nagasaki è sufficiente per porre l'accento sul fatto che qualcuno da certe atrocità c'è già passato. Aggiungere altro ci sembrava ridondante, didascalico. Quel simbolo a noi bastava. Anzi, in origine con la bomba atomica volevamo aprire il film. Ma avremmo caratterizzato troppo. Abbiamo allora scelto di farne l'epilogo, in modo da conferire lirismo. E poi c'è quella bellissima frase del fisico belga Jean Pierre Stroot:

> Non conosco un solo impiego della tecnologia che non abbia un'applicazione sia buona, sia cattiva, per la società.

*Dal film emerge la grande utilità dei robot frammista a forti elementi di preoccupazione. Come nell'immaginario collettivo, le macchine appaiono al contempo affascinanti e temibili.*

Mi fa piacere che il documentario suggerisca sia la celebrazione dei robot sia la loro pericolosità. Era nelle mie intenzioni comunicare questo messaggio. Ma non è stato facile, ho dovuto convincere la Scuola di robotica. Gianmarco Veruggio, è sua l'idea del film, desiderava che venisse fuori la roboetica senza però alimentare paure. Temeva che mettendo in risalto la pericolosità dei robot ne scaturisse, come reazione del pubblico, il classico sentimento tecnofobico sulle macchine, rovina dell'umanità. D'altra parte per giustificare la necessità di una roboetica come regista avevo l'esigenza di mostrare l'intrinseca pericolosità dei robot. Che facessero anche paura era necessario ai fini della narrazione: uno spettatore generico non capisce perché ci si debba porre un problema morale se tutte le macchine sono buone. Veruggio desiderava una comunicazione rassicurante, io avevo necessità di creare tensione, paura. Alla fine si è convinto, ma forse la mediazione trapela nel film.

*Ci sono stati ostacoli alla produzione del film?*

In origine il documentario prevedeva parti di cartone animato, foto d'epoca in bianco e nero, immagini televisive e cinematografiche. La mia idea era di unire più linguaggi possibili nel presentare i robot. Purtroppo ci siamo scontrati subito con la ricerca dei materiali e con il problema dei contratti da sottoscrivere per i diritti d'autore. È rimasto uno spezzone brevissimo del film *Metropolis*, perché basta un secondo in più per andare incontro a problemi legali.

*A chi è rivolto il film?*

A un pubblico generico, che sa ben poco dei robot di oggi, visto che se ne parla principalmente in termini futuristici. In particolare è rivolto a chi guarda i programmi delle emittenti satellitari.

*Perché le emittenti satellitari e non i comuni canali digitali?*

La scelta è obbligata. In Italia il mercato del documentario è limitatissimo. Le emittenti pubbliche ne trasmettono di rado e quei pochi sono per lo più di produzione estera. La Rai trasmette prevalentemente documentari d'autore, in tarda serata e sul terzo canale. Mediaset non ha documentari scientifici in programmazione, e così restano i satelliti. È una corsa col tempo. Perché già il film come prodotto ha di per sé una vita breve, se poi parla di tecnologia restare attuali è difficile.

# Ringraziamenti

Questo libro nasce da un lavoro di ricerca arricchito dalle testimonianze di ingegneri, scienziati e umanisti. Li ringrazio tutti per la loro generosità nel raccontare, contestualizzare, suggerire. Un ringraziamento speciale va all'ingegnere e scrittore Giuseppe O. Longo, che ha creduto nel mio lavoro e mi ha incoraggiata ad andare avanti, all'umanista Fiorella Operto, per i suoi suggerimenti preziosi, al robotico Bruno Siciliano, per avermi guidato nello studio della materia. Ringrazio inoltre Peter Asaro, filosofo, ricercatore al *Center for Cultural Analysis della Rutgers University*, nel New Jersey (Usa); Daniela Cerqui, antropologa, ricercatrice alla facoltà di Scienze sociali e politiche dell'Università di Losanna (Svizzera) e collaboratrice del laboratorio di cibernetica dell'Università di Reading (Gran Bretagna); Roberto Cordeschi, filosofo della scienza, professore alla facoltà di Filosofia dell'Università "La Sapienza" di Roma; Edoardo Datteri, ricercatore in filosofia della scienza all'Università degli Studi di Milano-Bicocca; Marcello Ferro, bioingegnere, ricercatore al CNR di Pisa; Guglielmo Tamburrini, filosofo della scienza, professore alla facoltà di Scienze Matematiche, Fisiche e Naturali dell'Università "Federico II" di Napoli; Gianmarco Veruggio, ricercatore robotico al CNR IEIIT di Genova, fondatore della Scuola di Robotica e promotore della roboetica.

# Libri da leggere*

## Opere letterarie

Asimov, I. (1993) *Tutti i miei robot* (antologia di racconti dal 1940 al 1977), Mondadori, Milano

Asimov, I. (1986) *Abissi d'acciaio*, Mondadori, Milano

Asimov, I. (1991) *Il sole nudo*, Mondadori, Milano

Asimov, I. (1986) *I robot dell'alba*, Mondadori, Milano

Asimov, I. (2007) *I robot e l'Impero*, Mondadori, Milano

Bioy Casares A. (1985), *L'invenzione di Morel*, Bompiani, Milano

Čapek, K. (1971) *R.U.R.*, Einaudi, Torino

Collodi, C. (2001) *Le avventure di Pinocchio*, Baldini & Castoldi, Milano

Dick, P.K. (2007) *Ma gli androidi sognano pecore elettriche?* Fanucci, Roma

Goethe, J.W. (1965) *Faust*, Einaudi, Torino

Gibson, W. (1999) *Giù nel ciberspazio*, Mondadori, Milano

Gibson,W. (2008) *Neuromante*, Mondadori, Milano

Hoffmann, E.T.A. (1985) *L'Automa*, Edizioni Theoria, Roma

---

* Su www.springer.com, alla pagina dedicata a questo volume, è disponibile la sitografia dei robot più noti e sorprendenti, con accesso al 29 marzo 2010 e periodicamente aggiornata.

Hoffmann, E.T.A. (1987) *L'uomo della sabbia e altri racconti*, Mondadori, Milano

Lovecraft, H.P. (1992) *Tutti i racconti, 1931-1936*, Mondadori, Milano

Lovecraft, H.P. (2007) *L'orrore della realtà* (lettere), a cura di G. de Turris e S. Fusco, Edizioni Mediterranee, Roma

Shelley, M. (2006) *Frankenstein, o il Prometeo moderno*, Rizzoli, Milano

## Saggi

Augé M. (2002) *Il dio oggetto*, Meltemi, Roma

Boella L. (2006) *Sentire l'altro. Conoscere e praticare l'empatia*, Raffaello Cortina Editore, Milano

Borgna, E. (2001) *L'arcipelago delle emozioni*, Feltrinelli, Milano

Brooks, R. (2002) *Flesh and Machine, How Robots will change us*, Pantheon, New York

Burattini, E.; Cordeschi, R. (2001) *Intelligenza artificiale, Manuale per le discipline della comunicazione*, Carocci, Roma (2ª ristampa 2008)

Capucci, P.L. (a cura di) (1994) *Il corpo tecnologico*, Baskerville, Bologna

Collins, H.; Pinch, T. (1995) *Il golem. Tutto quello che dovremmo sapere sulla scienza*, Dedalo, Bari

Cordeschi, R.; Somenzi, V. (1994) *La filosofia degli automi. Origini dell'Intelligenza Artificiale*, Bollati Boringhieri, Torino

Floridi, L. (2009) *Infosfera. Etica e filosofia dell'età dell'informazione*, Giappichelli, Torino

Foucault, M. (1975) *Surveiller et punir, Naissance de la prison*, Editions Gallimard, Paris, edizione italiana (1993) *Sorvegliare e punire. Nascita della prigione*, Einaudi, Torino

Freud, S. (1986) *Il perturbante*, in *Opere*, 1917-1923, Boringhieri, Torino

Galván, J.M. (2005) *La robotica come speranza: la tecno-etica*, in: *La sfida del post-umano* (a cura di Ignazio Sanna), Ed. Studium, Roma

Iorio, G.G. (2003) *Materializzazioni dell'anima, dai modelli dell'intelligenza all'intelletto sociale*, Manifesto libri, Roma

Israel, G. (2004) *La macchina vivente*, Bollati Boringhieri, Torino

Jentsch, E. (1906) *Zur Psychologie des Unheimlichen*, in: *Psychiatrisch-neurologische Wochenschrift*, n. 22. Tr. It., *Sulla psicologia dell'Unheimliche*, in AA.VV. (1983) *La narrazione fantastica*, Nistri Lischi, Pisa

Kaplan, L.J. (2008) *Falsi idoli. Le culture del feticismo*, Centro studi Erickson, Gardolo (TN)

Longo, G.O. (2001) *Homo technologicus,*, Meltemi, Roma

Longo, G.O. (2003) *Il simbionte. Prove di umanità futura,* Meltemi, Roma

Longo, G.O. (1998) *Il nuovo Golem. Come il computer cambia la nostra cultura*, Laterza, Bari

Longo, G.O. (2008) *Il senso e la narrazione*, Springer-Verlag Italia, Milano

Losano, M.G. (1990) *Storie di automi dalla Grecia classica alla bella époque*, Einaudi, Torino

Losano, M.G. (2003) *Automi d'Oriente. Ingegnosi meccanismi arabi del XIII secolo*, Medusa, Milano

Marchis, V. (2005) *Storia delle macchine, tre millenni di cultura tecnologica*, Laterza, Bari

Marchis, V. (2008) *Storie di cose semplici*, Springer-Verlag Italia, Milano

Minsky, M. (1986) *La società della mente*, Adelphi, Milano

Mori, M. (1981) *The Buddha in the Robot: a Robot Engineer's Thoughts on Science and Religion*, Kosei, Tokio

Norman, D.A. (1998) *The design of every day things*, MIT Press, Boston; edizione italiana (2004): *Emotional design. Perché amiamo (o odiamo) gli oggetti di tutti i giorni*, Apogeo Editore, Milano

Siciliano, B.; Khatib, O. (cura di) (2008) *Springer Handbook of Robotics*, Springer-Verlag, Berlin Heidelberg

Sinigaglia, C.; Rizzolatti, G. (2006) *So quel che fai. Il cervello che agisce e i neuroni specchio*, Raffaello Cortina editore, Milano

Wiener, N. (1967) *God and Golem, A Comment on Certain Points where Cybernetics Impinges on Religion*, Boston, Mit press Paperback editions; edizione italiana (1997) *Dio & Golem s.p.a.: un commento su alcuni punti in cui la cibernetica tocca la religione*, Boringhieri, Torino

Tagliasco, V. (1999) *Dizionario degli esseri umani fantastici e artificiali*, Mondadori, Milano

Wiener, N. (1970) *Introduzione alla cibernetica*, Einaudi, Torino

Yoshida, M. (1985) *The culture of ANIMA – Supernature in Japanese Life*, Hiroshima, Mazda Motor Corp

Zanarini, G. (1985) *L'emozione di pensare: psicologia dell'informatica*, Clup-Clueb, Milano

# Film da non perdere

*Metropolis*, di Fritz Lang, Germania, 1927

*Frankenstein*, di James Whale, Usa, 1931

*Tempi moderni*, di Charlie Chaplin, Usa 1936

*Godzilla*, di Ishirô Honda, Giappone, 1954

*Il pianeta proibito*. di Fred McLeod Wilcox, Usa, 1956

*Fahrenheit 451*, di François Truffaut, Gran Bretagna, 1966

*2001 Odissea nello spazio*, di Stanley Kubrick, Gran Bretagna/Usa, 1968

*Il mondo dei robot* (*Westworld*), di Michael Crichton, 1973, Usa

*Frankenstein Junior*, di Mel Brooks, Usa, 1974

*Rollerball*, di Norman Jewison, Usa, 1975

*Alien*, di Ridley Scott, Usa, 1979

*Stalker*, di Andrej Tarkovskij, URSS/Germania Est, 1979

*Scanners*, di David Cronenberg, Canada 1981

*Blade Runner*, di Ridley Scott, Usa, 1982

*Videodrome*, di David Cronenberg, Canada, 1983

*Terminator*, di James Cameron, Usa, 1984

*Brazil*, di Terry Gilliam, Gran Bretagna, 1985

*Robocop*, di Paul Verhoeven, Usa 1987

*Akira* (film d'animazione), di Katsuhiro Otomo, Giappone, 1988

*Atto di forza* (*Total Recall*), Paul Verhoeven, Usa 1990

*Terminator 2: Il giorno del giudizio*, di James Cameron, Usa, 1991

*Strange Days*, di Kathryn Bigelow, Usa, 1995

*Matrix*, di Andy e Larry Wachowski, Usa-Australia, 1999

*eXistenZ*, di David Cronenberg, Canada, 1999

*L'uomo bicentenario*, di Chris Columbus, Usa, 1999

*Il tredicesimo piano*, di Josef Rusnak, Germania e Usa, 1999

*A.I Intelligenza artificiale*, di Steven Spielberg, 2001, Usa

*Terminator 3*: Le macchine ribelli, di Jonathan Mostow, Usa, 2003

*Matrix Reloaded*, di Andy e Larry Wachowski, Usa, 2003

*Matrix Revolutions*, di Andy e Larry Wachowski, Usa, 2003

*Io, robot*, di Alex Proyas, Usa, 2004

*La guerra dei mondi*, di Steven Spielberg, Gran Bretagna, 2005

*Wall-e* (film d'animazione), di Andrew Stanton, Usa, 2008

# i blu - pagine di scienza

**La fine dei cieli di cristrallo**
*L'astronomia al bivio del '600*
R. Buonanno

**La materia dei sogni**
*Sbirciatina su un mondo di cose soffici (lettore compreso)*
R. Piazza

**Et voilà i robot!**
*Etica ed estetica nell'era delle macchine*
N. Bonifati

# Di prossima pubblicazione

**Per una storia della geofisica italiana**
*La nascita dell'Istituto Nazionale di Geofisica (1936)*
*e la figura di Antonino Lo Surdo*
F. Foresta Martin, G. Calcara

**Tutela ambientale e risorse: quale energia per il futuro?**
A. Bonasera

**Quei temerari sulla macchine volanti**
*Piccola storia del volo e dei suoi avventurosi interpreti*
P. Magionami

ISBN 978-88-470-1580-7

Finito di stampare nel mese di aprile 2010

Printed in the United States
By Bookmasters